# 바다,
## 신약의 보물창고

# 바다, 신약의 보물창고

_ 해양 생물자원으로 새로운 의약품을 개발하다

2010년 9월 13일 초판 1쇄 발행
지은이 신희재

펴낸이 이원중 책임편집 김명희 디자인 이유나, 박선아
펴낸곳 지성사 출판등록일 1993년 12월 9일 등록번호 제10 – 916호
주소 (121 – 829) 서울시 마포구 상수동 337 – 4 전화 (02) 335 – 5494~5 팩스 (02) 335 – 5496
홈페이지 www.jisungsa.co.kr 블로그 blog.naver.com/jisungsabook 이메일 jisungsa@hanmail.net
편집주간 김명희 편집팀 김찬 디자인팀 박선아

ISBN 978 - 89 - 7889 - 222 - 3 (04400)
ISBN 978 - 89 - 7889 - 168 - 4 (세트)

이 도서의 국립중앙도서관 출판시도서목록(CIP)은 e-CIP 홈페이지(http://www.nl.go.kr/ecip)에서
이용하실 수 있습니다. (CIP제어번호: CIP 2010003186)

# 바다,
## 신약의 보물창고

해양 생물자원으로 새로운 의약품을 개발하다

신희재 지음

지성사

인류는 지구상에 태어난 이래 생명을 유지하기 위한 식량뿐 아니라 질병과 맞서 싸우는 데 필요한 치료약도 자연으로부터 얻어 왔다. "병 주고 약 준다"라는 속담이 있다. 자연은 사람들에게 질병의 고통을 안겨 주기도 하지만 그 병을 치료할 수 있는 약도 준비해 두었다. 실제로 19세기 초반까지 대부분의 의약품은 식물이나 동물, 광물 같은 천연자원에서 얻었다. 관련 학문의 발달로 현대적인 의약품들이 개발되고 있는 오늘날에도 의약품 가운데 40~50퍼센트가 생물자원에서 얻은 천연물이거나 천연물질 유래의 의약품이다.

지금까지는 대부분 식물이나 토양미생물과 같은 육상의 생물자원에서 의약품을 개발해 왔다. 그러나 육상생물로부터 얻을 수 있는 의약품은 이제 거의 바닥을 드러내고 있다. 다만 우리 인류에게는 아직 개척하지 않은 미지의 공간이 있다. 막대한 생물자원을 품고 있는 바다가 바로 그곳이다.

지구 표면적의 약 70퍼센트를 차지하고 있는 바다에는 지구상에 존재하는 약 80퍼센트의 생물들이 살고 있다. 바다생물들은 육상생물과는 다른 환경에서 살고 있으므로, 지금까지 개발된 의약품과는 성질이 다른 신약을 개발할 수 있을 것이라 생각한다. 현재 전 세계 여러 나라에서는 바다생물의 중요성에 관심을 갖고, 바다자원을 이용해 의약품을 개발하려는 연구가 활발히 진행되고 있다.

신비의 영약으로 알려진 산삼을 캐는 산사람을 '심마니'라고 부르듯이, 바다에서 약을 캐는 해양 과학자나 약학 연구자는 새로운 의미의 심마니들이다. 새로운 심마니들에 의해 바다생물로부터 의약품들이 속속 개발되고 있다. 지금까지 항암제, 항바이러스제, 진통제 같은 많은 신약이 개발되었으며, 이 순간에도 의약품 개발을 위한 연구가 진행되고 있다. 지금부터 큰 희망을 품고 바다생물이 가지고 있는 신비로운 힘을 찾아서, 저 넓은 바다로 새로운 성격의 의약품들을 캐러 떠나 보자.

"바다에 사는 생물로도 약을 만들 수 있냐"고 마냥 신기해 하며 이 책이 빨리 나오기를 기다리는 사랑스러운 중훈, 중현이와, 사진을 제공해 주신 분들, 이 책을 쓸 수 있도록 기회를 주신 한국해양연구원과 원고를 검토해 주신 이희승 박사, 함춘옥 선생님, 그리고 출판에 도움을 주신 지성사 식구들께 감사의 마음을 전한다.

2010년 9월

신희재

# 생명의 근원지,
# 바다

바다는 생명의 근원지이자 수많은 생명을 품어서 키우는 어머니의 품에 비유되고는 한다. 실제로 아기를 안전하게 보호하는 엄마 뱃속의 양수와 바닷물은 성분이 비슷하다고 한다.

바다에는 30만 종 정도의 생물들이 살고 있으며, 사람들은 그 중 많은 종류의 바다생물을 식량으로 이용해 왔다. 우리 밥상에 자주 오르는 미역, 파래, 다시마, 톳과 같은 해조류는, 사람 몸에 꼭 필요한 각종 미네랄과 식물성 섬유질 등이 풍부하여 예로부터 장수 식품으로 꼽혀 왔다. 또한 콜레스테롤 수치를 낮추어 주기 때문에 동맥경화나 심장병, 뇌졸중 같은 성인병 예방에도 효과가 좋다고 한다. 그 외의 바다에서 나는 먹을거리들도 단순한 음식이 아니라 우리의 삶을 건강하게 지켜 주는 참살이 식품<sub>웰빙 식품</sub>으로 인정받고 있다.

지금까지 바다생물은 주로 건강을 지키기 위한 식품으로 이용되어 왔는데, 최근에는 인류 건강에 도움이 되는 물질이나 질병 치료에 효과가 있는 물질을 뽑아내어 의약품을 만들려는 연구에 이용되고 있다.

그동안 인류는 많은 의약품을 나무나 식물, 미생물 등으로부터 얻어 이용해 왔다. 전 세계적으로 가장 많이 팔리는 진통제 중의 하나인 아스피린도 버드나무 껍질에서 원료물질을 추출하였으며, 역시 가장 잘 팔리는 항암제 택솔도 주목나무의 껍질에서 분리한 물질로 만들었다. 현재 우리가 사용하고 있는 대부분의 항생제는 미생물이 만들어 내는 항균물질을 정제<sub>불순물을 없애 그 물질을 순수하게 만드는 과정</sub>하여 만든 의약품들이다.

이와 같이 많은 의약품들이 생물자원으로부터 분리한 물질로 만들어졌지만, 점차 육상의 생물자원들에서 얻을 수 있는 의약품은 한계에 이르고 있다. 더구나 현재 개발되어 있는 의약품들이 더 이상 효과를 나타내지 못하는 병원균들이 생겨나고 있어 육상생물로부터 의약품을 만들어 내는 일은 점점 더 어려워지고 있다.

상황이 이렇게 되자 많은 연구자들은 건강에 도움이 된다고 알려진 바다생물이나, 지금까지는 연구하지 않았던 바다생물들로 눈을 돌려 새로운 의약품을 찾으려는 노력을 시작하였다. 왜냐하면 지구에 살고 있는 생물의 80퍼센트가 바다에 살고 있는데, 그 대부분의 생물들은 육지생물만큼 연구되어 있지 않아서 개발할 수 있는 가능성이 크기 때문이다. 바다는 말 그대로 신약 개발의 보물창고인 셈이다.

우리에게 익숙하지 않거나 식용하지 않는 바다생물 중에서도 의약품으로 개발되고 있는 것이 있다. 예를 들면 2005년에 판매를 시작하여 6개월 만에 6000만 달러의 매출을 올려 화제를 모았던 진통제 프리알트는, 열대지역의 바다에 사는 청자고둥의 독소를 이용하여 만든 의약품이다. 또한 바다에서 무리를 지어 사는 군체멍게에서 분리한 물

1 2
3 4

1 청자고둥  2 프리알트
3 군체멍게  4 욘델리스

질로 만든 항암제 욘델리스는 희귀 의약품으로 등록되어 판매되고 있다.

이외에도 바다생물로부터 분리해 낸 수많은 새로운 물질들이 의약품으로 거듭나기 위하여 현재 임상실험을 하고 있는 중이다. 세계는 지금 신약 개발을 위한 전쟁을 치르고 있다고 해도 지나친 말이 아니다. 나라마다 바다의 얕은 곳에 살고 있는 해조류에서부터 1만 미터가 넘는 깊은 심해에 사는 해양미생물에 이르기까지 다양한 바다생물들로부터 의약품을 개발하려는 연구가 활발히 진행되고 있다. 신약의 새로운 보물창고인 바다에서 획기적인 치료제를 개발하기 위한 치열한 경쟁은 이미 시작되었다.

국토의 삼면이 바다로 둘러싸인 우리나라는 바다에서 약을 캐는 훌륭한 심마니가 많이 나올 수 있는 여건을 충분히 갖추고 있다. 지금부터는 많은 바다 심마니가 나올 수 있도록 바다에 대한 관심과 집중적인 연구 개발이 필요한 때이다.

바닷물에는 해양세균, 곰팡이, 미세조류와 같은 다양한 해양
미생물들이 살고 있다. 바닷물 1밀리리터에는 100만 마리
정도의 해양미생물이 존재한다. 또한 바다생물의 몸속이나
체표면, 해양 퇴적토 <sup>바다 밑바닥에 쌓인 흙</sup> 등에도 무수히 많은 해
양미생물이 살고 있다. 그러나 이들 해양미생물에 대한 연구
는 아직 활발하게 이루어지지 않아서 앞으로 의약품 개발 등
에 쓸모 있는 소중한 자원이 될 가능성은 크게 열려 있는 셈
이다.

　과학자들은 지금까지 해양에 살고 있는 미생물 가운데
0.1~1퍼센트 정도만이 연구되었다고 말한다. 바다는 지구

표면적의 약 70.8퍼센트를 차지하고 있다. 면적으로 보면 3억 6105만 제곱킬로미터에 이르고, 바닷물의 부피는 13억 7030만 세제곱킬로미터에 달한다. 해양에 살고 있는 미생물의 수를 대략 계산해 보면, 바닷물 1ml$^{1cm^3}$에는 100만 마리의 해양미생물이 존재한다고 하니까 1km=100000cm, 1km$^3$=100000cm×100000cm×100000cm이므로 바닷물

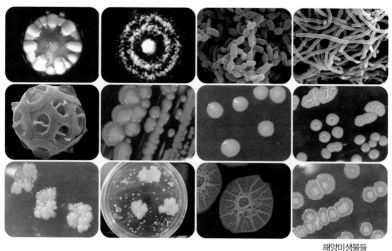

해양미생물들

1km$^3$에는 100000×100000×100000×1000000마리의 해양미생물이 살고 있다. 여기에 지구 전체의 바닷물 부피인 13억 7030만을 곱하면 약 "1000조의 1000조 배 마리"가 된다.

바다에 살고 있는 미생물의 전체 무게를 계산하면 지구상에 현재 살고 있는 모든 사람들의 몸무게를 합한 무게의 5배라고 한다. 그런데 실제로 바닷물뿐만 아니라 바다생물의 몸속이나 바다 밑의 흙 등에도 무수히 많은 해양미생물들이 산다. 따라서 바다에는 실로 어마어마한 종류와 숫자의 해양미생물들이 살고 있다고 할 수 있다.

해양미생물 중에는 비브리오와 같이 인간에게 질병을 일으키는 미생물도 있지만 항암제나 항생제와 같은 의약품을 만드는 착한 미생물도 많다. 엄청나게 많은 해양미생물이 바다에 살고 있지만 그중 과학자들이 연구한 생물은 겨우 1퍼센트 정도에 불과하다. 이 중에는 여러 종류의 의약품으로 개발할 수 있는 물질을 만들어 내는 미생물도 많았다. 지금부터는 이들 바다의 작은 거인들해양미생물이 어떤 의약품들을 만들어 내는지 해양미생물의 세계로 들어가 보자.

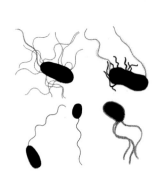

다양한 비브리오속 세균들

미국 서부의 로스앤젤레스에서 남쪽으로 자동차로 두 시간 가량 가야 하는 곳에 위치한 샌디에이고에는 전 세계적으로 해양학 연구로 유명한 스크립스 해 양연구소가 있다. 1903년 설립된 이 연구소는 전 세계 해양생물학 연구 의 중심적 역할을 해 왔다. 특히 바 다생물에서 추출한 여러 가지 새로 운 물질을 이용한 의약품이나 유용 물질 개발에 많은 공헌을 하였다.

스크립스 해양연구소

이 연구소에 근무하는 페니컬 교수는 세계 여러 곳의 깊 은 바다에서 해양 퇴적토를 채집하여 해양방선균을 분리하 였다. 방선균은 세균과 곰팡이의 중간 단계에 해당하는 미생 물이다. 방선균은 주로 흙 속에 많이 살고 있는데 나무가 가 지를 뻗는 것처럼 균사미생물에서 가지 모양 혹은 실처럼 생긴 조직를 뻗 어 영양분을 빨아들인다. 우리가 흔히 흙냄새라고 하는 것은 방선균이 흙 속에서 만들어 내는 지오스민이라는 물질의 냄 새이다. 우리가 현재 사용하고 있는 거의 대부분의 항생제는 육상에서 분리된 방선균에서 개발되었다.

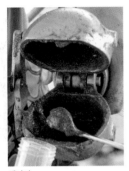
채니기

페니컬 교수는 방선균이 의약품 개발에 중요한 역할을 하고 있다는 사실에 착안하여, 지금까지 연구가 많이 이루어진 육상의 방선균이 아닌 바다에 사는 해양방선균을 분리하면 훌륭한 신약을 개발할 수 있을 것이라고 굳게 믿었다. 낚시를 좋아하는 그는 낚시 원리를 이용하여 1000미터가 넘는 깊은 바다의 진흙을 채집할 수 있는 특별한 낚싯대채니기를 고안해 냈다. 그렇게 채취한 심해의 퇴적토에서 해양방선균을 분리하였다. 그는 이 방법으로 지금까지 분리해 낸 적이 없는 새로운 종의 해양방선균을 여럿 분리하는 데 성공하였다.

그중에서 살리니스포라 트로피카*Salinispora tropica*라는 바다에만 사는 방선균에서 살리노스포라마이드 A*salinosporamide A*라는 아주 강력한 프로테아좀 억제제를 분리하였다. 이 물질은

살리니스포라 트로피카

분리된 지 5년 만에 현재 항암제로, 사람을 대상으로 약의 효과와 안전성을 알아보는 임상실험을 진행하고 있어서 화제를 모으고 있다.

프로테아좀은 세포 내에서 단백질을 분해하는 효소의 일종이다. 유비퀴틴76개의 아미노산으로 구성되어 있으며, 단백질의 분해 과정에 참여하는 인체 내의 작은 단백질과 프로테아좀은 우리 몸에서 제 역할을 다한 단백질이나 잘못 합성된 불량 단백질을 분해시키는 데 중요한 역할을 한다.

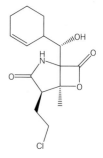

살리노스포라마이드 A의 구조

사람의 몸은 약 100조 개의 아주 작은 세포로 구성되어 있으며, 세포의 활동은 약 2만여 종류의 단백질에 의해서 이루어진다. 세포 속의 단백질은 1초에 평균 1000번 정도 세포를 구성하는 물질을 합성·분해·변환하거나 세포가 활동하는 데 필요한 에너지를 만드는 등 여러 가지 화학적 임무를 수행해야 한다. 어떤 단백질의 수명은 겨우 30초 정도인 것이 있는가 하면 몇 주 동안 활동하는 단백질도 있다. 보통 세포의 수명은 석 달을 거의 넘기지 못하고 새로운 세포로 태어나야 한다. 이렇게 수명을 다한 단백질이나 세포가 우리 몸에 쌓이면 어떻게 될까?

두말할 것도 없이 이상이 생기거나 병들게 된다. 따라서 우리의 몸은 역할을 다한 단백질이나 불량 단백질들을 제거하기 위한 정교한 시스템을 가지고 있다. 못 쓰게 된 단백질이나 수명이 다한 단백질을 청소하는 것이 바로 유비퀴틴과 프로테아좀이다. 유비퀴틴은 없애야 할 단백질을 찾아서 "폐기용 단백질"이라는 꼬리표를 붙이는 역할을 한다. 유비퀴틴에 의해 불량 단백질이라는 꼬리표가 붙은 단백질은, 단백질 분해효소<sub>단백질 재생효소</sub>인 프로테아좀이 또 다른 단백질의 원료가 되는 아미노산으로 분해시킨다. 유비퀴틴이 꼬리표를 붙인 단백질은 파괴되기 때문에 유비퀴틴의 꼬리표 붙이기를 "죽음의 키스"라고 표현하기도 한다.

그런데 만약 프로테아좀을 활동하지 못하게 억제시키면 잘못 만들어진 불량 단백질이나 수명을 다한 단백질도 분해시키지 못한다. 이러한 성질을 암세포에 적용시키면 암세포가 성장하지 못하여 결과적으로 항암작용을 나타내게 된다. 프로테아좀 억제제는 정상 세포에는 영향을 끼치지 않고 암세포만을 효과적으로 죽게 만든다. 정상 세포는 혹시 프로테아좀의 활성이 억제되더라도 일시적으로만 방해를 받을 뿐 빠르게 회복하는데, 암세포는 프로테아좀의 활성이 잠시라도 억제되면 불량 단백질은 많아지고 암세포 성장에 필요한 신호는 전달되지 않아 결국 암세포가 자살하게 된다.

2004년 "올해의 항암제"로 선정된 벨케이드라는 신약이

프로테아좀 억제제이다. 미국 식품의약품안전청FDA에서 허가받은 항암제로 현재 골수에 악성 종양이 생기는 다발성 골수종 치료제로 사용되고 있다. 머지않아 바닷속 깊은 곳에서 분리한 심해미생물에서 암을 효과적으로 치료할 수 있는 항암제가 개발될지도 모를 일이다.

## 해양방선균이 만드는 항생제

현재 판매되고 있는 항생제의 약 70퍼센트는 육상방선균 또는 토양방선균이라고 불리는, 흙에 주로 살고 있는 미생물에서 발견된 것이다. 그러나 항생제의 남용과, 사람들이 먹는 가축이나 생선의 사료에 과도하게 항생제를 사용함으로써 지금까지 개발된 항생제들이 효과를 나타내지 않는 즉, 저항성이 생긴 항생제 내성균들이 나타나 사회적으로 큰 문제가 되고 있다.

　　대표적인 항생제 내성균은 메티실린 저항성 황색포도상구균Methicillin-Resistant *Staphylococcus Aureus*, MRSA이라고 하는 황색포도상구균이다. 이 균은 페니실린 계통의 항생제인 메티실린에 내성을 보이는 돌연변이균이다. MRSA라는 항생제 내성균에 의한 감염으로 2005년 미국에서만 약 1만 9000명이 사망한 것으로 추정하고 있다. 2009년 2월에 인터넷을 뜨겁게 달구었던 뉴스가 있었다. 전 세계적으로 7억 5000만 장 이상의 앨범을 판매한 "팝의 황제" 마이클 잭슨이 MRSA에 감염되어 얼굴과 몸에 퍼진 MRSA를 치료하기 위해서 마스크를 끼고 병원을 찾았다는 소식이었다. 지금은 고인이 되었지만 잭슨은 MRSA에 의한 감염으로 극심한 고통을 받았을 뿐 아니라 코를 잃을 뻔 했다고 한다.

우리나라에서도 다양한 항생제 내성균들이 출현하고 있으며, 항생제 내성균에 인한 감염으로 사망하는 환자 또한 꾸준히 늘어나고 있다. 특히 우리나라의 항생제 내성 현황은 이미 세계 최고 수준이라 알려져 있을 만큼 심각하다.

영국 켄트 대학의 불 교수와 뉴캐슬 대학의 연구팀은 메티실린에 내성을 가지는 슈퍼세균인 MRSA를 죽일 수 있는 항생제를 분리해 냈다. 이 항생제는 일본의 심해 289미터에서 채집한 퇴적토에서 분리한 새로운 해양방선균인 베루코시스포라 마리스 *Verrucosispora maris*가 만들어 내는 어비

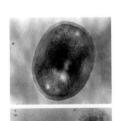
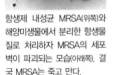

항생제 내성균 MRSA(위쪽)와 해양미생물에서 분리한 항생물질로 처리하자 MRSA의 세포벽이 파괴되는 모습(아래쪽). 결국 MRSA는 죽고 만다.

베루코시스포라 마리스의
현미경 사진

소마이신 C abyssomicin C라는 물질이다. 이 연구팀은 깊은 바닷속에서 어떻게 수천 종의 미생물이 같은 장소에서 경쟁을 하면서 살아가는지를 연구해 왔다. 이들 심해에 살고 있는 미생물들은 라이벌을 죽이거나 제거하는 시스템을 개

발시켜 왔는데, 심해미생물들이 만드는 여러 가지 물질 중에서 어비소마이신 C도 그런 물질 중의 하나이다. 심해에 살고 있는 미생물들은 육상에서 질병을 일으키거나 항생제에 내성을 가지는 미생물들과는 접촉할 일이 없었기 때문에 항생제 내성을 극복할 수 있는 물질을 만들어 낼 가능성이 매우 높다.

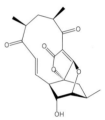

어비소마이신 C의 구조

영국 스코틀랜드의 아쿠아팜의 연구팀도 심해미생물에서 MRSA에 효과가 뛰어난 항생제를 여러 가지 분리해 냈다. 아쿠아팜은 지금까지 많이 연구되지 않은 해양미생물로부터 새로운 물질을 찾아내 의약품으로 개발하기 위해서 설립된 해양생명공학 연구를 전문적으로 하는 스코틀랜드의 회사이다. 아쿠아팜은 MRSA에 효과를 보이거나, 인류가 개발한 항생제 중 가장 강력한 효과를 나타내는 반코마이신vancomycin에 내성

을 보이는 반코마이신 저항성 황색포도상구균Vancomycin-Resistant *Staphylococcus aureus*, VRSA에 효과가 있는 항생제를 찾기 위해 여러 가지 노력을 해 오고 있다. 다양한 해양 환경이나 심해에서 세균이나 곰팡이와 같은 해양미생물을 6000종 넘게 분리하여, 이들 미생물의 배양액 추출물에서 새로운 항생제를 찾고 있다. 이 회사는 자신들이 연구하고 있는 미생물들에 대한 정보는 철저히 비밀로 하고 있으나, 미생물 배양법이나 미생물들이 만들어 내는 물질에 대한 특허는 많이 보유하고 있다.

우리나라 연안에서 살고 있는 해양미생물로부터 항생제 내성균들에 효과를 나타내는 물질을 생산하는 경우도 많다. 저자도 동해의 바닷물이나 남해의 해양 퇴적토에서 분리한 해양미생물로부터 MRSA를 죽이는 강력한 새로운 물질들을 분리해 냈으며, 지금은 이들 물질로 항생제를 개발하는 연구를 하고 있다.

지금까지 수많은 항생제가 개발되었으나 이들 항생제에 내성을 가지는 슈퍼박테리아슈퍼세균가 나타나게 됨으로써 또 다른 새로운 항생제들이 절실하게 필요해졌다. 이런 슈퍼박테리아들을 물리칠 수 있는 항생제를 만들어 내는 해양미생물이 항생물질 혹은 항생제란 말은 세균학자 왁스먼이 1942년에 처음 사용하였다. 그는 "미생물에 의해 생성되며, 낮은 농도에서 다른 미생물을 죽이거나 생육을 저지하는 물질"을 항생물질이라 부르자고 제안하였다.

인류가 만들어 낸 최초의 항생제는 1928년 영국의 미생물학자 플레밍이 푸른곰팡이*Penicillium notatum*로부터 발견한 페니실린이다. 페니실린이 대량으로 만들어지기 시작한 것은 제2차 세계대전이 한창이던 1942년이었다. 이 항생제가 발견되기 전에는 전쟁에서 총에 맞아 죽는 사람의 숫자보다 세균에 감염되어 죽는 사람의 수가 훨씬 많았을 정도로 인간은 세균과의 전쟁에서 속수무책으로 당하였다. 그러나 페니실린의 대량 생산으로 제2차 세계대전에 참전한 수많은 병사들이 목숨을 건질 수 있었다. 페니실린은 발견 이후에 '기적의 약', '신비의 탄환' 등으로 불릴 만큼 사람들의 생명을 구하는 데 큰 공을 세웠다.

페니실린이 상품으로 만들어진 1945년 이후에도 7000종 이상의 항생물질이 발견되었으며, 이 가운데 50여 종의 항생제가 실제 환자를 치료하는 데 사용되고 있다.

바닷속 깊은 곳에서 발견되고 있다는 것은 참으로 흥미로운
일이다.

## 말라리아 치료제를 만드는 해양미생물

말라리아는 매년 전 세계적으로 3억~5억 명이 감염되며 이
중 300만 명이 죽는다. 이는 한 가지 질병으로는 가장 많은
인구가 걸리고, 가장 많은 목숨을 앗아가는 무서운 질병이
다. 더 큰 문제는 사망자의 약 75퍼센트가 아프리카 지역에
살고 있는 어린이들이라는 점이다.

2002년 통계에 의하면 개발도상국에서 어린이 사망률

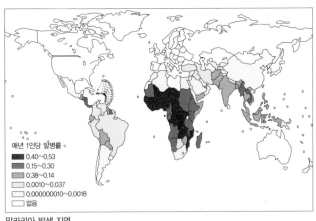

말라리아 발생 지역

원인별 순위에서 4위를 차지하는 질병이 바로 말라리아였다. 말라리아에 걸리면 열, 오한, 전신 통증, 두통, 기침, 어지럼증, 복통, 수면 장애, 식욕 부진 등의 증상을 보인다. 우리나라는 1980년 이후 감염환자가 없어졌다가 1993년에 다시 발생하여 2006년에는 2000명 정도가 감염되었다.

말라리아는 단세포로 된 가장 원시적인 원생동물인 기생충 플라스모디움이라는 원충에 의하여 발생한다. 원충에 감염된 말라리아 모기가 사람을 물면 모기의 침샘에 있던 말라리아 원충이 사람 혈액 속으로 들어가게 된다. 사람에게 감염된 원충은

얼룩날개모기

혈액을 따라 간으로 들어가 성숙한 후에 다시 혈액으로 나와서 적혈구에서 자란다. 이때에 얼룩날개모기의 암컷이 그 사람을 물어 원충을 옮겨온 후 다시 다른 사람을 물어 모기의 침샘에 있던 포자소체포자충류에서 포자낭의 막이 녹아서 떨어져 나온 포자가 다른 사람에게 주입되면서 말라리아에 감염된다. 즉, 말라리아의 주된 매개체가 얼룩날개모기이다. 그러므로 말라리아 발생 지역을 여행할 때에는 긴팔 옷이나 모기 예방약을 발라서 모기에 물리지 않도록 하는 것이 가장 중요하다. 간혹 수

혈을 받았다가 말라리아에 감염되는 경우도 있기는 하다.

말라리아의 종류로는 열대형 말라리아, 삼일열형 말라리아, 사일열형 말라리아, 난형 말라리아 등이 있으며, 열대형과 삼일열형 말라리아는 동시에 발생하는 경우도 있다. 현재 말라리아 원충에 대한 백신은 없으며, 기존의 말라리아 치료제인 클로로퀸, 메플로퀸과 피리메타민 등에 대한 내성은 높아지고 있다. 지난 몇 년 동안 말라리아를 치료하는 가장 효과적인 방법 중의 하나가 중국산 개똥쑥<sub>Artemisia annua</sub>에서 분리한 물질로 만든 아르테미시닌을 투여하는 것이었으나, 세계보건기구<sub>World Health Organization, WHO</sub>에서는 이 물질에 대해서도 말라리아 원충이 내성을 갖게 될 것이라고 경고하면서 단독 투여를 중단해야 한다고 권하고 있다.

약물에 대한 내성이 생기자 아프리카에서의 말라리아에 의한 폐해는 점점 심각해지고 있다. WHO의 조사에 의하면 아프리카에서는 매년 말라리아로 인해 100억 유로<sub>약 15조 원</sub> 정도를 사용하며, 공공 보건비 지출 가운데 약 40퍼센트가 말라리아와 관련하여 사용되고 있다고 한다. 이는 말라리아 감염률이 높은 데도 원인이 있겠지만, 현재 사용하고 있는 말라리아 치료제에 대하여 병원균들의 저항력이 커지고 있

기 때문이기도 하다. 따라서 새로운 말라리아 치료제를 개발
하는 것이 아프리카 지역 어린이들을 거의 재앙에 가까운 말
라리아 감염으로부터 구하는 길이다.

이러한 새로운 치료제로 개발할 수 있는 물질이 해양미
생물에서 분리되었다. 맨자민 A<sup>manzamine A</sup>라고 불리는 물질
인데, 1986년 일본의 히가 교수가 오키나와에서 채집된 할
리클로나<sup>Haliclona sp.</sup>라는 해면동물에서 분리하였다. 그 이후
에도 여러 종류의 해면동물에서 맨자민 A와 그
유사한 물질들이 분리되었다. 미국 미시시피
대학의 해면 교수는 맨자민 A가 여러 지역
에 서식하는 서로 종류가 다른 해면동물에
서 분리되는 것에 관심을 가졌다. 결국 해
면동물이 직접 이 물질을 생성하는 것이
아니라 해면동물에 공생하는 해양미생물이 이

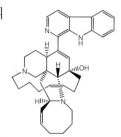

맨자민 A의 구조

물질을 만들 것이라는 생각을 하고 메릴랜드 대학의 힐 교수
와 공동으로 연구를 진행하였다. 그 결과 힐 교수는 인도네
시아에서 채집한 아칸소스트롱질로포라<sup>Acanthostrongylophora sp.</sup>
라는 해면동물에서 맨자민 A와 그 유도체들을 생성하는 해
양미생물을 분리해 냈다. 이 해양미생물은 마이크로모노스

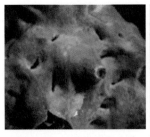

해면동물 아칸소스트롱질로포라(왼쪽)와 그 공생미생물인 마이크로모노스포라(오른쪽)

포라*Micromonospora* sp.라는 해양방선균에 속한다.

이 해양미생물의 발견은 대단히 의미 있는 일이다. 맨자민이 다른 말라리아 치료제들보다 효과가 뛰어나게 좋지만 그 구조가 복잡하여 대량 합성에는 문제가 많았다. 뿐만 아니라 해면동물에서 분리할 수 있는 맨자민의 양은 아주 적어서 신약으로 개발한다고 해도 원료를 제대로 공급하기 어려웠다. 그런데 힐 교수가 맨자민을 생성하는 해양미생물을 대량으로 배양해 냄으로써 말라리아 치료제 원료의 공급이 원활하게 이루어질 수 있는 길이 열린 것이다.

미생물은 배양 기간이 짧고 배양에 드는 비용이 싸며 비교적 간단하게 일 년 내내 배양할 수 있다. 따라서 미생물이 생성하는 물질은 쉽게 의약품 원료로 공급할 수 있다. 특히 말라리아 치료제는 생산 비용이 비싸지면 안된다. 앞에서도 이야기했듯이 말라리아가 주로 발생하는 지역이 아프리카와 같이 경제적으로 풍족하지 못한 곳이기 때문이다. 치료제의 가격이 비싸지면 대부분의 환자들이 약을 살 수가 없어 치료를 포기하게 된다. 맨자민은 말라리아뿐만 아니라 결핵 치료에도 효과가 있는 것으로 밝혀졌다.

이렇게 해양미생물로부터 질병을 치료하는 효과가 있는 물질들을 찾아내다 보면 머지않은 장래에 해양미생물들이 수백만 명의 생명을 구하는 신약의 재료가 될 수 있을 것이다.

## 공생미생물이 만드는 소염진통제와 항암제

해면동물, 연산호, 이끼벌레, 군체멍게 등 수많은 바다생물들은 천적이나 미생물로부터 자신을 지키기 위해 여러 가지 물질들을 분비해 낸다. 이러한 물질을 방어물질이라 한다. 이들 물질은 항암, 항진균, 항바이러스, 효소 저해 효과 등과 같은 다양한 효능을 가지고 있다. 앞의 맨자민에서도 잠깐 설명을 하였듯이 바다생물들이 생산하는 것으로 알려진 많은 물질들이, 실은 그 생물에 살고 있는 공생미생물이 만들어 낸다는 사실이 최근에 속속 밝혀지고 있다. 따라서 바다생물의 공생미생물이 우리가 필요로 하는 유용물질의 생산자로서 주목을 받고 있다.

해면동물이나 이끼벌레 등이 만들어 내는 유용물질의 구조는 상당히 복잡한 경우가 많다. 이런 물질들은 합성<sup>화학적 반</sup>응<sup>을 이용하여 화합물을 만드는 것</sup>이 되더라도 그 과정이 복잡하여 비용이 많이 들거나 아예 합성이 되지 않는 경우가 많다. 이럴 때에는 하는 수 없이 몇 십 톤의 해면동물이나 이끼벌레를 바다에서 채집하거나 양식해야 한다.

이보다는 이들 생물에 공생하는 미생물을 실험실 배양기<sup>발효조</sup> 안에서 배양하여 많은 양의 유용물질을 생산하는 것이 훨씬 빠르고 경제적이다. 실제로 해면동물이나 이끼벌레를 양식하는 데에는 몇 개월에서 1년 이상이 걸리며 그나마 양식이 안 되는 것도 많은 데 비해, 공생미생물을 이용하면 2~10일 정도이면 배양이 가능할 뿐만 아니라 여러 가지 생물공학적 기술을 접목하면 생산량도 훨씬 높일 수 있다.

그 좋은 예로는 슈돕테로신 pseudopterosin과 브라이오스타틴 bryostatin을 들 수가 있다. 슈돕테로신은 스크립스 해양연구소의 페니컬 교수가 캐리비언 해역에 서식하는 연산

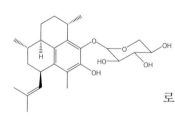

슈돕테로신의 구조

호의 한 종류인 슈도프테로고르
기아 *Pseudopterogorgia elisabethae*에서
처음 분리하였다.

연산호 슈도프테로고르기아 엘리사베타에

　대부분의 산호가 탄산칼슘으
로 되어 있어서 돌처럼 딱딱한 편
이지만, 연산호는 말 그대로 부드
럽고 유연한 구조를 가진 산호를
통틀어서 말한다. 일반인들은 산
호가 나무처럼 생겨서 가지가 있
는 식물이라 생각하기 쉽지만, 암수한몸의 위와 장이 하나로
되어 있는 하등동물이다. 정확히 말하면 산호는 다세포동물
로서 말미잘, 해파리, 히드라 등처럼 소화와 배출의 기능을
동시에 하는 내부 체강體腔인 강장이란 조직을 가지고 있으며
입 주위에는 촉수가 달려 있는 자포동물이다.

　산호는 강장 주변에 여러 개의 촉수가 달린 폴립이 있다.
폴립 끝의 촉수를 사용해서 동물플랑크톤이나 게, 새우, 물
고기 등을 잡아먹는다. 산호의 촉수에는 자포자세포, 쏘는 세포라
고 하는 독침이 있어서 먹이의 움직임이 느껴지면 자포를 쏘
아 상대를 마비시킨 후에 입으로 먹이를 먹고, 또한 입으로

산호들

배설물을 내보낸다. 특히 사슴뿔산호나 불꽃산호 등의 자포는 독성이 강해서 스노클링이나 다이빙을 할 때 쏘이지 않도록 조심해야 한다.

산호는 전 세계적으로 약 600여 종이 알려져 있으며, 우리나라에는 130여 종이 분포한다. 주로 제주도의 서귀포 앞 바다에 있는 문섬이나 숲섬 주변에 서식하는데, 한국산 산호충류 132종 가운데 92종이 제주 연안 해역에 살고 있다. 특히 서귀포 해역은 세계적으로도 희귀한 연산호가 군락을 이루고 있어 학술적으로도 그 가치가 매우 높아 학자들의 관심을 끌고 있다.

연산호들

　연산호에서 분리해 낸 슈돕테로신은 염증을 없애 주는 소염작용과 통증을 가라앉혀 주는 진통 효과가 아주 뛰어나다. 지금까지 개발되어 판매하는 소염진통제와는 작용 원리가 달라서 의약계의 관심을 불러 일으켰다. 지금까지의 비스테로이드성 진통제NSAIDs들은 염증을 일으키는 데 관여하는 효소인 칵스COX, cyclooxygenase의 활동을 방해하여 소염작용을 나타내는 데 비해, 슈돕테로신은 염증을 일으키는 물질인 에이코사노이드eicosanoid가 생성되는 것을 막아서 소염작용을 나타낸다.

　미국의 한 유명 화장품 회사인 에스티 로더 사는 슈돕테로신을 노화 방지 화장품에도 활용하고 있다. 이는 슈돕테로신이 지금까지 널리 사용되었던 소염진통제보다 효과가 뛰어나 약학적으로 관심을 끌고 있을 뿐만 아니라 화장품 등 상업적으로도 사용하게 됨으로써 더 많은 양이 필요하게 되었다는 뜻이다. 실제 전 세계적으로 상업적 이용과 약학적 연구를 위하여 연간 약 250그램의 슈돕테로신이 필요하다. 그런데 연산호 1킬로그램에서 얻을 수 있는 양은 약 4그램밖에 되지 않아 필요한 양을 모두 구하려면 아주 많은 연산호가 필요하다. 바다에서 이렇게 많은 연산호를 채집하게 되면 자연이 파괴되므로 슈돕테로신을 얻을 수 있는 다른 방법을 연구하게 되었다.

미국의 커 교수는 연산호에 황록공생조류zooxanthellae, 갈충조류라고도 하며 광합성을 하여 산호에 영양분을 공급하는 조류라는 미세조류가 살고 있는 것에 주목하였다. 이들 공생 미세조류가 슈돕테로신을 생성할지도 모른다는 생각으로 연구를 진행하였다. 그는 연산호에서 황록공생조류를 분리해 배양한 뒤 이들이 슈돕테로신을 생성하는지 꾸준히 확인하였다. 그 결과 놀랍게도 심비오디니움Symbiodinium이라는 공생 미세조류가 슈돕테로신을 생성하는 것을 확인하였다. 그러나 이 미세조류는 배양이 까다로웠다.

좀 더 쉬운 방법을 찾기 위하여 심비오디니움에 붙어서 살고 있는 미생물들에 대한 연구를 시작하였다. 이 미생물들 중에 슈도모나스*Pseudomonas* sp.라는 해양미생물이 슈돕테로신을 생성한다는 사실을 알게 되었다. 결국 슈돕테로신은 연산호가 아니라 연산호 안에 살고 있는 미생물들이 생성한다는 중요한 사실을 발견한 것이다. 슈도모나스와 같은 미생물은 빠르고 쉽게 많은 양을 배양할 수 있기 때문에 커 교수는 슈돕테로신 생산에 매우 중요한 방법을 찾아낸 것이다.

현재 슈돕테로신은 소염진통제, 상처 치유제 등으로 개발하기 위하여 임상실험 중이다. 머지않은 미래에 연산호의 공생미생물로부터 뛰어난 의약품이 개발될 것으로 보인다.

브라이오스타틴은 바다의 이끼벌레인 버귤라 네리티나 *Bugula neritina*에서 처음 분리된 강력한 항암제이다. 이끼벌레의 겉모양은 우뭇가사리와 비슷해서 해조류처럼 보이지만 실은 무척추동물로서 바위 같은 물체나 바닥에 붙어서 자라는 고착성 동물이다. 보통은 해조류나 바위, 조개껍데기 등에 붙어서 군체를 이루며 자란다. 때

이끼벌레

로는 배의 바닥에 붙거나 밧줄 등에 이끼처럼 붙어서 자라기도 하여 선원들에게는 귀찮은 존재이다. 발전소나 공장의 송수관에 군체를 형성하여 기계를 고장 내는 경우도 있다고 한다. 이끼벌레의 크기는 1밀리미터에서 1미터까지 매우 다양하지만, 일반적으로는 수센티미터 정도가 대부분이다. 전 세계적으로 약 5000종 정도가 알려져 있으며, 우리나라에는 약 150여 종이 대부분 남해안에 서식하고 있는 것으로 보고되어 있다.

브라이오스타틴은 암의 성장이나 전이뿐만 아니라 암세포가 유도하는 새로운 혈관 신생 등을 강력하게 저해하는 항암제로서 세계적인 주목을 받고 있다. 그런데 문제는 이 물질 역시 이끼벌레에서 얻을 수 있는 양이 매우 적다는 사실이다. 브라이오스타틴의 임상실험을 담당하였던 미국 국립 암연구소는 실험에 필요한 18그램의 브라이오스타틴을 얻기 위하여 1만 3000킬로그램의 이끼벌레를 양식해야만 하였다.

브라이오스타틴의 구조

만약 이 물질을 이용한 약품이 개발되어 시장에 나온다면 전 세계적으로 막대한 양의 브라이오스타틴이 필요하게 된다. 그런데 그렇게 많은 양의 이끼벌레를 자연에서 채취하는 것은 어려울 뿐만 아니라 그로 인한 환경 파괴도 문제가 될 수 있다. 설혹 채집에 어렵게 성공한다고 하더라도 제품의 가격이 무한정 높아질 것이 뻔하다. 브라이오스타틴을 비용은 적게 들이면서 안정적으로 공급할 수 있는 방법을 찾는 것이 무엇보다도 중요하였다.

미국 스크립스 해양연구소의 헤이굿 박사는 이끼벌레에 공생하는 캔디다투스 엔도버귤라 세르튤라*Candidatus Endobugula sertula*라는 공생미생물이 브라이오스타틴을 생성한다는 사실을 확인하였다. 이 공생미생물은 이끼벌레 유충이 물고기에게 잡아먹히거나 곰팡이에 감염되지 않도록 하기 위하여 브라이오스타틴을 생성해 낸다. 이끼벌레의 유충은 몸의 표면을 자신의 천적에게는 독성물질로 작용하는 브라이오스타틴으로 감싸 포식자로부터 자신을 보호하는 것이다. 그러나 이 공생미생물은 실험실에서 배양하기가 어려워서, 브라이오스타틴을 생성하는 유전자를 배양이 쉬운 대장균 같은 미생물에 주입하여 한꺼번에 많은 양을 생산하는 방법을 연구하는 중이다. 이 연구가 성공하면 쉽게 브라이오스타틴을 생산할 수 있는 길이 생기게 되므로 값싸게 항암제를 공급할 수도 있다.

브라이오스타틴은 항암제로서뿐만 아니라 치매 치료제로도 좋은 효과를 보이고 있어서 세계적인 관심을 모으고 있다. 알츠하이머병을 유발하는 것으로 알려진 아밀로이드 플라크amyloid plaque 형성에 관련된 단백질을 분해하는 효과가 있으며, 알츠하이머병으로 인한 기억력 상실을 억제하고 기억력과 관계있는 신경세포가 손상되지 않도록 보호하는 것으로 알려졌다. 또한 뇌졸중이 일어난 지 하루가 지난 환자에게서도 뇌조직을 재생시키는 효과가 있다고 한다. 현재 사용하고 있는 뇌졸중 치료제는 증상이 나타나고 3시간 이내에 투여해야 하며, 이미 손상된 뇌조직은 복구하기 어려운 단점이 있었다. 그런데 브라이오스타틴은 항암제로서뿐만 아니라 알츠하이머병과 뇌졸중에 의한 기억력 상실을 줄이고 뇌조직의 재생에도 효과를 보이는 물질로서 기대를 모으고 있다.

인류 최초의 항생제인 페니실린이 개발된 지 1년도 채 지나지 않아 페니실린이 듣지 않는 돌연변이 세균내성균이 등장하였다. 뿐만 아니라 일본에서는 1996년에, 우리나라에서는 1997년에 최강의 항생제라고 불리는 반코마이신이 효과를 나타내지 못하는 포도상구균이 나타났다. 이와 같이 항생제에 내성을 가지는 세균을 슈퍼박테리아라고 한다. 최근에는 반코마이신에 내성을 가지는 장구균이 전체의 약 20퍼센트를 차지할 정도로 급격하게 늘어나고 있다. 세균은 인류의 항생제 개발 속도보다 더 빠르게 항생제에 대한 내성을 키워 항생제를 무기력하게 만들고 있다.

세균들은 왜 이렇게 항생제에 대해서 내성을 가지게 될까? 세균은 여러 다른 세균들과 공존하며 생활하므로 다른 미생물들이 만들어 내는 항생제로부터 자신을 보호하기 위해서 내성을 나타내는 유전자를 가지고 있다. 그런데 인간이 항생제를 지나치게 많이 사용하니까 세균도 이런 유전자를 활성화시켜서 항생제에 대한 내성을 키우기 때문이다. 항생제가 작용을 하려면 대상으로 하는 세균 안으로 들어가야 하는데, 내성을 가진 세균은 일종의 수송 펌프를 이용하여 항생제가 세포 내부로 들어오지 못하게 하거나 항생물질을 세포 밖으로 퍼내서 내성을 가지는 경우도 있다. 또한 어떤 세균은 자기의 효소를 이용하여 항생제의 구조를 파괴하거나 변형시켜서 그 효과를 잃어 버리게 하기도 한다. 일반적으로 항생제는 세균의 특정한 효소를 공격하게 되는데, 세균은 공격 대상이 되는 효소의 모양을 변형시키거나 모조품 효소를 만들어서 항생제의 공격을 피해 살아남기도 한다. 이렇듯 세균이 항생제에 내성을 가지는 방법은 여러 가지가 있으며, 세균에 따라서는 복합 내성을 가지는 균도 있다.

그렇다면 항생제의 내성을 극복할 수 있는 방법은 무엇일까? 물론 슈퍼박테리아에 맞설 수 있는 슈퍼항생제를 개발하면 된다. 그러나 이러한 항생제를 개발하기까지는 시간이 필요하다. 가장 좋은 방법은 항생제를 올바르게 사용하는 것이다. 항생제를 잘못 사용하거나 정해진 양보다 많이 사용하면 내성을 증가시켜서 약의 효과를 떨어뜨리기 때문이다. 따라서 항생제는 정확한 의학적 판단에 의해 적당한 용량을 정확한 기간 동안에 투여해야 한다. WHO의 경고처럼 지금의 상태에서 항생제 내성 문제가 계속 불거진다면 21세기를 마감하기도 전에 페니실린이 개발되기 이전의 시대, 즉 병원성 세균과의 싸움에서 인간이 무조건 지던 시대로 되돌아갈지도 모를 일이다. 그만큼 상황이 심각하다는 것을 인식하고 항생제의 남용을 막는 것이 문제 해결의 첫걸음이다.

# 해양 무척추동물들이 만드는 의약품들

해양 무척추동물은 말 그대로 바다에 사는 등뼈가 없는 동물들을 통틀어 말한다. 지구상에 존재하는 동물의 약 97퍼센트가 무척추동물일 정도로 무척추동물의 다양함은 잘 알려져 있다. 특히 해양 무척추동물은 육상이나 민물에 사는 무척추동물보다 훨씬 더 다양하고 그 수도 많아서 의약품 개발에 매우 중요한 생물 집단이다. 우리가 흔히 스펀지라고 부르는 해면동물을 비롯하여 산호·해파리·말미잘·히드라와 같은 자포동물, 문어·오징어·조개·전복·고둥과 같은 연체동물 등이 모두 해양 무척추동물이다.

전 세계적으로 바다에 살고 있는 무척추동물 중 약 10퍼센트 정도만이 세상에 알려져 있다. 깊은 바다에도 무수히 다양한 무척추동물들이 살고 있어서 해마다 새로운 종들이 계속 보고되고 있다. 지금까지 바다생물로부터 분리해 낸 생리활성물질생체의 기능을 증진시키거나 억제시키는 물질들 가운데 해양 무척추동물에서 분리한 것이 많았다. 따라서 해양 무척추동물은 신물질이나 의약품 개발에 있어서 아주 중요한 자원으로 떠오르고 있다. 특히 해면동물이나 연산호 같이 바닥에 붙어 사는 해양 저서동물들에서 추출한 천연물이 해양 무척추동물에서 분리된 물질의 대부분을 차지하고 있으며, 이들 물질들은 여러 가지 의약품 개발에 중요한 물질로 받아들여지고 있다.

## 스펀지는 물만 빨아들이는 것이 아니다.

보통 스펀지라고 하면 그릇을 닦을 때 쓰는 보송보송하고 구멍이 송송하게 난 부드러운 식기 세척용 수세미 조각을 떠올릴 것이다. 정작 스펀지가 바다생물이라는 것을 아는 사람은 그리 많지 않다. 안다고 해도 스펀지가 동물이라고 생각하지 않는다. 실제로 해면동물 중에는 우리가 세척할 때 쓰는 스펀지처럼 구멍이 나 있고 부드러운 것이 많다. 예전부터 해면동물 가운데 좀 더 부드러운 해면을 목욕이나 식기 세척용 스펀지로 사용하였으며, 지금도 천연 해면은 목욕용으로 비싸게 팔리고 있다. 일본에는 해면동물을 말려서 결혼 선물로 주는 풍습도 있다고 한다.

해면동물은 일반 동물과는 조금 다르게 눈에 띄는 움직임이 많지 않다. 한곳에 붙어서 살며, 소화기관이나 감각기관을 따로 가지고 있지 않기 때문에 식물처럼 느끼는 사람도 많다. 오늘날 생물학계에서 정식으로 사용하고 있는 생물분류 명명법인 이명법어떤 생물의 국제적인 명칭을 정할 때에 속명屬名 다음에 종명種名을 적어서 생물의 종류를 구분하여 표기하는 방법을 제안한 스웨덴의 생물학자 린네조차도 해면동물을 식물로 분류하였을 정도로 식물처럼 생겼다.

하지만 겉보기와는 달리 해면동물은 매우 역동적인 동물이다. 하루에 1톤 이상의 물을 빨아들여서 그 안에 있는 유기물이나 플랑크톤, 박테리아와 같은 먹이를 걸러 내어 먹는 여과 섭식자이다. 전 세계적으로 해면동물은 1만 종 정도가 알려져 있으며, 대부분 바다에 살고 150여 종만이 민물에 서식한다. 주로 얕은 바다의 바위나 자갈, 모래, 진흙 등에 몸을 부착하여 살고 있으나 9000미터 정도의 깊은 바다에 사

44

는 종도 있다. 해면동물은 조직이나 기관이 분화되지 않은 가장 원시적인 다세포 동물이다.

최근에 해면동물이 관심을 끄는 이유는 이 동물들로부터 분리한 물질들을 가지고 여러 가지 의약품을 만들고 있기 때문이다. 지금까지 해면동물로부터 몇 천 종의 새로운 물질을 분리해 냈으며, 그중의 몇 가지는 이미 의약품으로 개발하는 데 마지막 단계에 와 있다고 한다.

대표적인 것으로는 항암제인 할리콘드린 B halichondrin B가 있다. 이 물질은 1985년 일본의 우에무라 교수가 검정해변해면Halichondria okadai에서 분리하였다. 그 이후에 서태평양의 액지넬라속 해면과, 동인도양 및 뉴질랜드의 심해에서 채집된 리쏘덴도릭스 Lissodendoryx sp.라는 해면동물에서도 분리되었다. 할리콘드린은 암세포의 세포내 구조물인 튜불린의 중합알파와 베타 튜불린이 합쳐져서 세포 분열에 관여하게 됨을 방해하여 암세포의 증식을 억제한다.

이 물질을 의약품으로 개발하기 위해서는 많은 양의 순수한 물질이 필요하다. 할리콘드린 B는 약 1톤의 해면동물에서 겨우 아스피린 한 알 정도의 무게인 약 300밀리그램밖에는 추출하지 못한다. 그런데 임상실험을 통해 이 물질의 항암 효과를 증명하려면 약 10그램이 필요하다. 앞에서 말했 듯이 이 만큼의 양을 자연에서 얻으려면 산술적으로 계산해 도 33톤 이상의 해면동물이 필요하므로 쉬운 일이 아니다.

아래 그림에서 보듯이 할리콘드린 B의 구조는 대단히 복 잡해서 유기합성하기도 어렵다. 1992년 하버드 대학의 키시 교수가 할리콘드린 B를 완전히 합성하는 데전합성에 성공하였 지만, 합성 단계가 워낙 복잡할 뿐만 아니라 실험실 규모에 서는 가능하지만 실제 사용하기에는 합성 과정에 드는 비용

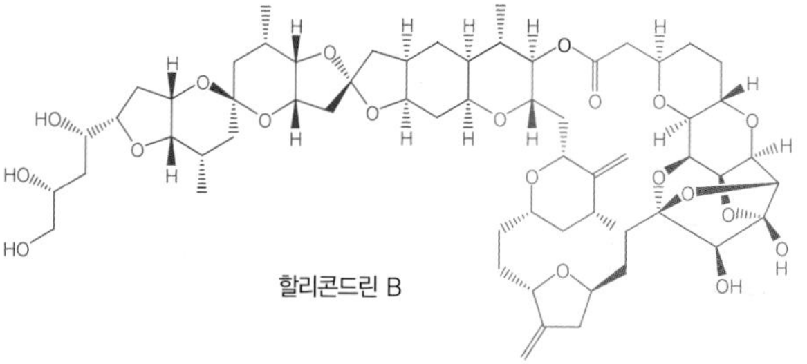

할리콘드린 B

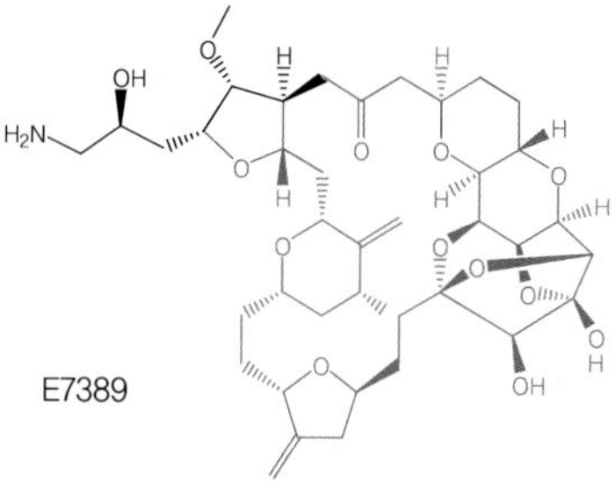

E7389

할리콘드린 B와 E7389 구조

이 너무 비쌌다.

이후 미국의 메사추세츠 주에 있는 일본 제약회사 에이자이의 연구소는 키시 교수와 공동 연구를 통해서 할리콘드린 B의 구조에서 약효를 나타내는데 중요한 부위의 구조<sup>파마</sup>코포어만을 변형하여 E7389라는 물질을 개발하였다. 이 합성법의 성공으로 연간 2킬로그램의 순수한 E7389를 공급할 수 있게 되었다. E7389는 유방암, 폐암, 전립샘암 등에 뛰어난 항암 활성을 가지며, 이러한 암들의 치료제로서 임상실험을 성공적으로 마쳤다. 이에 이 제약회사는 곧 미국에서 E7389에 대한 신약 승인을 신청할 것으로 보인다.

## 해면동물이 만드는 의약품들

1950년대에 바다생물을 이용한 의약품 개발에 대한 관심을 불러일으키게 하는 발견이 있었다. 카리브해 지역에서 채집된 크립토테씨아 크립타 *Cryptotethya crypta*라는 해면동물에서 특이한 물질을 발견한 것이다. 바로 스폰고싸이미딘spongothymidine, Ara-T과 스폰고유리딘spongouridine, Ara-U이라고 하는, 유전물질인 핵산의 구성 성분인 뉴클레오사이드 계열의 물질이다. 보통의 뉴클레오사이드는 리보오스를 포함하고 있는

데 이 물질들은 리보오스 대신 아라비노오스를 가지고 있어 눈길을 끌었다.

한 제약회사가 아라―유Ara-U의 구조를 조금 변형하여 싸이타라빈Ara-C이라는 백혈병 치료에 쓰이는 항암제를 개발해냈다. 이 회사는 1969년에 FDA의 승인을 얻어서 싸이토사르―유라는 상품명으로 싸이타라빈을 판매하고 있다. 싸이타라빈의 개발은 백혈병 치료에 획기적인 변화를 가져왔다.

백혈병白血病, leukemia은 백혈구가 증가하여 피가 하얄 것이라고 생각해서 '하얀 피'라는 그리스어를 따와 이름을 붙였다. 그러나 실제로는 정상인에 비해 피가 연할 뿐 색은 붉은색을 띤다. 백혈병은 혈액을 만드는 조직, 즉 골수나 림프계에 생기는 암으로, 성숙하지 못한 악성 백혈구가 많이 증식하여 정상적인 적혈구와 백혈구, 그리고 혈소판 등이 만들어지는 조혈 기능을 방해하는 병이다. 조혈세포의 정상적인 기능을 억제시키므로 정상적인 백혈구의 감소로 인한 감염과 발열, 적혈구 감소로 인한 빈혈, 혈소판 감소에 의한 출혈 등의 증상이 나타날 수 있다. 따라서 환자는 기운이 없고 안색이 창백하며 감기 몸살 증상이 지속된다. 또한 코피가 잘 나고 상처가 쉽게 생기며 지혈이 잘 안 된다. 싸이타라빈은 지금까지도 백혈병 치료에 중요한 약제 중의 하나이다.

해면동물에서 분리된 아라-유와 아라-티의 발견은 뉴클레오사이드를 이용해 항암제나 항바이러스제를 개발하는 데 좋은 모델이 되었다. 제약회사에서 아라-유를 모델로 하여 싸이토사르-유라는 항암제를 개발하였듯이, 아라-티를 모델로 하여 많은 항바이러스제가 개발되었다. 대표적인 것으로 리트로비어Retrovir, zidovudine, AZT, 스타부딘stavudine 등이 있다.

AZT는 1964년에 호르위츠 교수가 미국 국립암연구소NCI의 연구비를 지원 받아서 합성한 물질이다. 이 물질은 그때 항암제로 개발하려고 하였으나 독성 때문에 실용화하지는 못하였다. 20년이 지난 1984년에 NCI의 연구자들이 후천성 면역 결핍 증후군AIDS 바이러스에 대한 항바이러스 활성이 있다는 사실을 밝혀냈다. 현재 AZT에 대한 항바이러스제로서의 특허는 버로우스 웰컴지금의 글락소스미스클라인 GSK이라는 제약회사가 가지고 있다. 이 제약회사는 특허출원 2년만인 1987년이 되어서야 리트로비어라는 이름을 붙여 에이즈 치료제로 판매할 수 있었다. 이 회사는 리트로비어에 대해서 17년간 독점 판매권을 가지며, 이 약품은 희귀 의약품으로 등록되어 있다. 리트로비어AZT는 지금도 에이즈 치료제로서

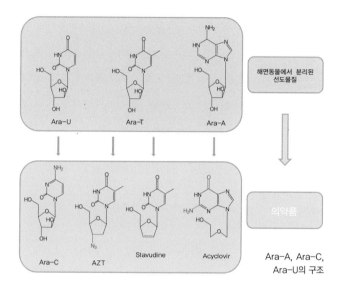

해면동물에서 분리된
선도물질

의약품

Ara-U  Ara-T  Ara-A

Ara-C  AZT  Stavudine  Acyclovir

Ara-A, Ara-C,
Ara-U의 구조

많이 이용되는 의약품이며, 국내에서는 삼천리제약에서 리
트로비어의 원료물질인 싸이미딘을 GSK에 수출하고 있다.

아라–에이는 초기에는 해면동물에서 분리된 뉴클레오사
이드인 아라–티를 모방하여 합성한 항바이러스제였지만, 나
중에는 바다생물인 유니셀라속의 고르고니언 산호와 방선균
인 스트렙토마이세스 안티바이오티쿠스Streptomyces antibioticus
에서 실제 분리해 이용하게 되었다. 저자도 직접 동해안의
해조류에서 분리한 해양방선균으로부터 아라–에이를 분리
하여, 해양방선균 같은 바다생물이 의약품 개발의 좋은 자원

임을 실감할 수가 있었다.

아라−에이는 피곤할 때에 입술 주위에 물집을 생기게 하는 헤르페스 바이러스 치료제로 허가받은 최초의 물질이다. 뿐만 아니라 다른 항바이러스제의 개발에도 영감을 주었다. 입술 주위에 생기는 바이러스 치료제로 널리 사용되는 아시클로비어라는 제품도 아라−에이의 구조를 모방한 제품이다.

## 바다의 골칫거리 불가사리로도 의약품을 만든다

바다에도 먹성이 아주 좋은 생물이 있다. 영어로 스타피쉬 starfish라고 불리는 불가사리이다. 모양이 별처럼 생겨서 바다에 사는 별이란 뜻으로 씨스타sea star라고도 한다. 전 세계적으로 1500여 종이 존재하며, 우리나라 연안에는 약 200여 종이 분포하는 것으로 알려져 있다. 그중에서도 특히 토착종인 별불가사리와, 일본에서 건너온 아무르불가사리, 빨강불가사리, 거미불가사리의 4종이 많이 서식한다. 불가사리는 한번에 200만 개의 알을 낳는 엄청난 번식력과 왕성한 식욕으로 이미 바다의 골칫거리로 악명이 높다.

이들의 천적으로 알려진 나팔고둥은 껍질이 아름다워 사람들이 관상용으로 수집하면서 무차별하게 포획되고 있어

왼쪽부터 토종 불가사리인 별불가사리와 외래종인 아무르불가사리, 빨강불가사리, 거미불가사리

그 수가 급격히 감소하고 있다. 따라서 "바다의 무법자"이자 골칫거리인 불가사리의 횡포는 날로 심해지고 있다.

불가사리는 극피동물의 일반적인 특징인 단단한 겉뼈대외골격를 가지고 있으며, 대부분의 종은 팔이 5개이다. 불가사리의 팔은 재생력이 아주 뛰어나서 여러 번 잘라 내도 다시 자란다. 외골격 속에 대롱 같이 생긴 발인 관족이 있다. 관족으로는 먹이를 감싸거나 모래 속의 사냥감을 파내기도 하고, 짧은 거리를 움직일 때는 관족을 이용해 걸어서 이동하기도 한다. 물론 장거리를 이동할 때에는 몸에 가스를 채워서 몸을 띄워 이동한다.

불가사리 한 마리가 하루에 먹어 치우는 해산물의 양은 보통 홍합 10개, 멍게 4개, 전복 2개 정도라고 알려져 있다. 우리나라 연안에 대략 5000만 마리가 서식하고 있는 상황을 감안하면, 연간 우리나라 패류 생산량의 7퍼센트 정도인 2

만 톤을 이들이 먹어 치운다. 요즘에는 일본을 주요 서식지로 삼던 아무르불가사리가 우리나라에도 많이 나타나 문제는 더욱 심각해지고 있다. 아무르불가사리에 의해 우리나라 연안이 초토화되었다는 뉴스를 자주 접할 수 있다. 정부는 불가사리 구제에 발벗고 나서 매년 많은 양의 불가사리를 잡아들이고 있다.

바다생물을 무차별하게 잡아먹어 "바다의 해적"이라 불리며 어민들에게 막대한 피해를 안기는 불가사리는, 해만 끼치고 아무 쓸모도 없는 생물일까? 그렇지만은 않다. 불가사리는 바닷속의 죽은 생물을 먹어 치워 해양 오염을 줄여 줄 뿐만 아니라 의약품을 개발하는 데도 이용되고 있다. 불가사리 중 일부는 비료나 칼슘을 생산하는 원료로 사용되기도 한다.

일반적으로 칼슘제는 소뼈나 조개껍데기, 산호 등을 원료로 하여 만드는데 그나마도 대부분의 원료를 수입하고 있다. 최근에는 사람들이 광우병이나 조류독감, 납의 과다 함유 등으로 동물성 칼슘제 먹는 것을 꺼리고 있다. 불가사리의 칼슘은 이러한 기존 칼슘제의 결점을 보완할 뿐만 아니라 원료를 우리나라에서 직접 구할 수 있다는 장점이 있다. 또한 칼슘제 외에 고지혈증 치료제, 혈전 치료제, 항균제, 면역증강

제, 항알러지제 등 다양한 용도의 신약을 개발하는 데도 이용되고 있다.

일본에서는 불가사리를 이용한 항암제 개발에 박차를 가하고 있다. 인삼의 주된 항암 성분으로 알려진 사포닌이 불가사리와 같은 극피동물에서도 추출되기 때문이다. 미국이나 호주 등에서도 불가사리뿐만 아니라 불가사리의 애벌레 등을 이용한 의약품 개발이 시도되고 있다. 미국의 답슨 박사는 불가사리의 팔이 절단되어도 감염되지 않고 재생된다는 점에 주목하여 불가사리의 팔에서 강력한 항생물질과 항생물질을 생성하는 미생물을 여럿 찾아냈다.

이와 같이 인간에게 해가 되거나 아무 쓸모없을 것 같은 생물들도 바라보는 시각을 바꾸고 새로운 아이디어를 갖고 연구하면 의약품 개발 등에 훌륭한 소재로 이용될 수 있다.

## 바다의 해적 "해파리"의 독도 약이 된다

해파리는 자포동물의 일종으로서 전 세계에 약 250여 종이 살고 있다. 해파리는 부유생활을 하지만 산호, 말미잘, 히드라와 같이 고착생활을 하는 무리도 있다. 자포동물이란 자세포라고 하는 특수한 쏘는 세포를 가지고 있어 이를 이용해 먹이나 경쟁자를 물리치는 동물의 종류를 통틀어 말한다. 우리나라에는 비교적 독성이 약한 보름달물해파리, 노무라입깃해파리, 라스톤입방해파리 등이 서식하고 있지만, 일반 해파리 중에는 사람을 죽일 수도 있는 치명적인 독을 가지고 있는 종도 있다. 해파리는 자세포라는 독침을 가진 세포가 있어서 이를 이용하여 먹이를 잡거나 적으로부터 자신을 방어한다. 먹이로 먹는 생물이나 경쟁자가 촉수에 닿으면 자세포가 자극을 받아서 자포가 재빨리 늘어나 상대를 찔러 독액을 주사하게 된다.

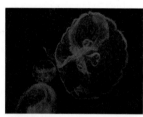

보름달물해파리

노무라입깃해파리

해파리의 대량 출현은 우리나라뿐 아니라 세계적으로도 문제가 되고 있다. 부산의 광안리 해수욕장이나 스페인의 유명 해수욕장에 해파리가 자주 나타나자 관광객은 줄어들고, 해파리에 쏘이는 해수욕객은 늘어나고 있는 실정이다. 해파리가 많이 나타나는 이유는 지구온난화로 인해 급격하게 바닷물의 온도가 올라가 생태계의 균형이 깨어진 때문이라 추정하고 있으며, 생태계 구조가 변화하여 먹이사슬의 관계가 허물어진 것도 주요 원인 중의 하나로 꼽고 있다.

해파리는 그물을 망가뜨리고 그물에 잡힌 생선을 상하게 하며 해수욕객들에게 피해를 입히는 바다의 해적으로 알려져 있다. 그러나 피부 노화 방지용 화장품이나 연골 재생 등의 의료용으로 사용하는 단백질인 콜라겐 같은 물질을 추출하는 생물자원으로 이용할 수 있을 뿐만 아니라 해파리의 독은 신약 개발에 가치 있는 중요한 물질로 인정받고 있다.

호주 동북부에 있는 퀸즐랜드 해안의 위트선데이 섬에는 여기에서만 발견되는 특이한 해파리가 있다. 이루칸지해파리라고 알려진 해파리로 넓이가 약 2.5센티미터 정도로 작지만, 지금까지 2명의 목숨을 앗아가고 많은 사람에게 상처를 입힌 치명적인 독을 가지고 있다. 이 해파리에 쏘이면 약 5~30분 후에 심한 통증과 함께 마비, 혈압 상승이 일어나는데 이런 증상을 의학적으로 이루칸지 증후군이라고 한다.

그런데 남성의 경우에는 발기 상태가 지속되는 현상도 함께 보였다. 이에 호주의 제임스쿡 대학의 연구원들은 이루칸지해파리의 독소 성분을 이용하여 비아그라와 같은 발기 부전 치료제를 개발하는 연구를 진행하고 있다. 이들은 이루칸

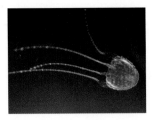
이루칸지해파리

지해파리의 독소에서 발기를 일으키고 연장시킬 수 있는 물질만을 정제하여 발기 부전 치료제를 개발하려 하고 있다.

또한 일본의 이화학연구소에서는 노무라입깃해파리로부터 항균 및 보습 효과가 있는 뮤신 Mucin이라는 단백질을 대량 추출하여 화장품 원료 등으로 이용하려는 연구를 진행 중이다.

해파리와 같이 인간에게 해만 끼친다고 생각되던 바다생물을 발기 부전 치료제 같은 의약품이나 화장품 원료 등으로 개발함으로써 중요한 자원으로 활용하고 있는 것이다.

많은 과학자들이 지구상에 살고 있는 다양한 생물들로부터 독을 추출해 내기 위해서 노력하고 있다. 왜 위험하기 짝이 없는 독을 구하려 하는 것일까? 그것은 생물들이 가지고 있는 이런 독들이 신약을 개발하는 데 중요한 물질이 되기도 하고 아이디어를 제공해 주기도 하기 때문이다. 그럼 생물의 독은 어떻게 약이 될 수 있는 것일까?

가장 친근한 예로는 요즘 주름살 제거 효과가 있다고 해서 선풍적인 인기를 끌고 있는 '보톡스'라고 하는 근육 수축 주사제이다. 보톡스는 클로스트리디움 보툴리늄<sup>Clostridium botulinum</sup>이라는 세균이 만드는 치명적인 독인 보툴리늄톡신이다. 이 독은 1그램만 있으면 100만 명을 죽일 수도 있는 무시무시한 독으로, 이 세상에서 가장 독한 독 중의 독이다. 보통, 보툴리늄 균에 의하여 통조림이 부패할 때에 생기는 독으로, 1973년 독일에서는 익히지 않은 소시지를 먹은 사람들이 이 독 때문에 사망하는 일이 있었을 정도로 치명적이다.

보톡스는 보툴리늄톡신을 치사량의 약 1000분의 1 정도로 희석하여 주름을 제거하는 데 이용하는 것이다. 2002년에 FDA가 보톡스를 주름살 제거에 사용해도 안전한 약제라고 승인함으로써 현재 전세계적으로 인기를 끌고 있다. 보톡스는 주름살 제거 이외에도 사시

환자나 안면 경련 환자의 치료에도 사용된다.

또한 우리 주변의 흙과 물 등에서 흔히 발견되는 식중독 균인 슈도모나스Pseudomonas가 만드는 독소도 암 치료제로 쓰인다. 이 독소를 항체에 붙여서 주사하면 암세포에만 가서 붙게 되고 이 독소는 암세포를 죽이는 일명 "미사일 항암제"로 사용된다.

세균성 이질을 일으키는 이질균 시겔라Shigella나 O157은 장내세균으로 대표적인 식중독균이다. 이들은 단백질 합성을 방해하며 출혈성 설사를 일으키는 베로 독소verotoxin를 생성하는데, 이 베로 독소도 림프종이나 뇌종양 등의 항암제를 만드는 데 응용된다.

뱀의 독도 훌륭한 신약의 원료가 된다. 출혈과 통증을 유발하는 출혈독을 가진 뱀들의 독에는 혈전피떡을 생기지 않게 하는 성분들이 들어 있다. 그래서 이런 독들은 혈전 때문에 생기는 질환인 뇌졸중이나 심근경색 같은 혈관순환기 계통의 질병에 좋은 치료약이 될 수 있다.

독화살개구리가 만들어 내는 독을 이용해서는 수술할 때에 환자들의 근육이 제멋대로 움직이지 못하도록 하는 근육 이완제를 만들었다.

호밀, 귀리 등과 같은 곡식에 기생하는 "맥각균"이라는 곰팡이의 독은 편두통 치료제로 쓰인다. 또한 이 독에 포함되어 있는 또 다른 물질들은 산부인과에서 분만 후에 출혈을 막는 출혈 방지제나 파킨 슨병의 치료제로 이용되고 있다.

스위스의 의학자인 파라켈수스는 "독성이 없는 약물은 존재하지 않으며, 모든 약물은 곧 독이다. 다만 약물과 독은 용량에 따른 차이 일 뿐이다"라고 하였다. 이와 같이 독은 곧 약이 될 수 있으며, 약도 독이 될 수 있다. 따라서 모든 약은 의사의 처방에 따라야 하며, 적절한 복용법과 용량을 반드시 지켜야 한다.

우리말은 독소를 나타내는 독은 모두 독毒으로 표현하는데, 영어는 독이란 말이 톡신toxin, 포이즌poison, 베놈venom 등으로 나뉜다. 톡신은 미생물이나 병원균과 같은 생물이 생성하는 독소를 나타낼 때 주로 많이 사용하며, 해파리나 고둥 등의 독을 가리킬 때도 사용한다. 포이즌은 천연에 존재하는 생물 독과 인공적으로 합성한 독을 모두 아우르고, 베놈은 일반적으로 독사나 전갈, 거미, 벌 등이 물거나 쏠 때에 나오는 독을 일컫는다.

# 바다에 사는 달팽이와 게로도
# 약을 만든다

## 신약 개발의 보물지도가 되는 청자고둥의 독

많은 과학자들이 청자고둥의 독을 이용해서 진통제나 알츠하이머병, 파킨슨병, 뇌질환, 간질과 같은 질병의 치료제를 찾고 있다. 물고기 사냥꾼으로 알려진 청자고둥은 주로 인도 태평양과 같은 열대 지방의 바다에 서식하며 전 세계적으로 약 500~700여 종이 분포한다. 우리나라에도 체리코너스 풀멘*Chelyconus fulmen*과 비로코너스 풀제트룸*Virroconus fulgetrum*이라 불리는 2종의 청자고둥이 제주도와 남해안에 살고 있다.

청자고둥은 청자고둥과의 1종으로서 원뿔형의 단단한 껍질을 가지고 있지만 연체동물에 속하는 바다생물이다. 껍질은 연분홍색, 황색, 담청색 등의 아름다운 색깔과 무늬가 있어서 수집가들에게 인기가 높은데, 종류에 따라서는 독성분이 인간에게도 치명적일 수 있다. 청자고둥은 사람의 치아에 해당하는 화살 모양의 치설을 이용해서 독성분을 분비하여 먹이를 잡는다. 조개류와 물고기, 벌레 등을 주로 먹는데, 보통 어류를 먹는 종류가 조개류를 먹는 것들보다 독성이 강하다. 빠르게 도망가는 물고기를 잡아먹기 위해서는 좀 더 강력한 독으로 순식간에 마비를 시켜야 하기 때문일 것이다. 인간에게도 치명적인 독을 가진 청자고둥은 대부분 어류를 잡아먹는 종들이다. 강한 독을 가지고 있으며 아열대나 열대 바다에 사는 코너스 지오그라퍼스*Conus geo-graphus*라는 청자고둥에 쏘인 사람이 4시간 만에 사망하는 일이 있었을 정도이다.

청자고둥

청자고둥의 독성분은 주로 펩타이드 단백질을 구성하는 기본 단위인 아미노산이 몇 개 혹은 여러 개가 결합한 물질이다. 500~700여 종의 청자고둥 독에는 각각 100~200종 정도의 펩타이드가 존재하는 것으로 알려져 있다. 따라서 청자고둥의 독에서 약 5만

~10만 가지 정도의 펩타이드를 분리할 수 있다. 청자고둥의
독을 구성하는 펩타이드는 청자고둥 종에 따라 다른데 아미
노산의 배열순서, 구성 아미노산의 종류에 따라 약효도 달라
지므로 좀 더 다양한 종류의 치료제를 개발할 수 있을 것으
로 생각된다. 실제로 통증이나 중추신경계 질환의 치료제 개
발에 많이 응용되고 있다. 현재 개발되었거나 개발하고 있는
청자고둥의 펩타이드는 아래 표와 같다.

| 펩타이드 종류 | 적응증 | 개발회사 | 개발단계 |
|---|---|---|---|
| Prialt(ziconotide) | 진통제 | Elan | 시판중 |
| CVID(AM336) | 진통제 | Zenyth(AMRAD) | 임상2상 |
| Contulakin-G(CGX-1160) | 진통제 | Cognetix | 임상2상 |
| Xen-2174 | 진통제 | Xenome | 임상2상 |
| ACV-1 | 진통제 | Metabolic Pharm | 임상2상 |
| Conatokin-G(CGX-1007) | 간질 치료제, 진통제 | Cognetix | 임상2상 |
| CGX-1002 | 진통제 | Cognetix | 전임상 |
| CGX-1051 | 심근 경색 치료제 | Cognetix | 전임상 |

청자고둥의 독은 여러 가지 펩타이드의 혼합물로, 각각
의 펩타이드는 신체의 신경이나 생명 기능에 작용한다. 따라
서 청자고둥의 독에 포함되어 있는 다양한 펩타이드만큼이
나 다양한 질환의 치료제가 개발될 수 있으므로 신약 개발에
있어서 보물지도와 같은 존재라고 할 수 있다.

## 청자고둥이 만드는 진통제

청자고둥으로부터 개발된 대표적인 의약품의 예가 진통제인 프리알트이다. 보통 청자고둥은 치설이라는 독이 든 작살을 쏘아 먹이를 마비시켜서 잡아먹는다. 프리알트는 아열대나 열대 지방에서 발견되는 청자고둥의 한 종류인 원뿔달팽이Conus magus의 독성 물질인 지코노타이드ziconotide를 원료로 하여 만든 강력한 진통제이다. 프리알트는 현재 의료계에서 사용하

물고기를 쏘아 잡아먹는 청자고둥

는 가장 강력한 진통제 중의 하나인 모르핀보다 1000배 이상의 진통작용을 가지고 있다. 그래서 모르핀도 잘 듣지 않는 말기 암환자나 중증의 통증 환자에게 처방한다. 모르핀은 중독성이 강한데 프리알트는 중독성이 없는 것도 장점 중의 하나이다.

프리알트는 미국 유타 대학의 올리베라 교수가 필리핀의 청자고둥으로부터 진통작용을 나타내는 물질을

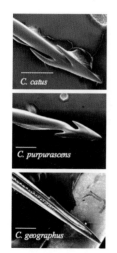

청자고둥류의 치설

발견하고, 아일랜드의 제약회사인 이랜 사가 이를 제품화한 새로운 진통제이다. 올리베라 교수는 필리핀에서 태어나 어린 시절부터 자연스럽게 바닷가에서 놀면서 조개류에 관심을 갖게 되었다. 그중에서도 독액을 쏘아서 물고기를 잡아먹는 청자고둥은 그의 흥미를 사로잡았다. 어릴 적 흥미로웠던 관심이 30년 후에 신약 개발이라는 수확으로 이어진 셈이다.

프리알트는 올리베라 교수 연구실에서 연구 장학금을 받고 일하던 맥킨토시라는 대학교 1학년 학생이 처음 연구를 시작하였다. 올리베라 교수는 맥킨토시에게 청자고둥의 독성분을 연구하게 하였는데, 그는 청자고둥에서 진통 성분을 처음으로 분리해 내고 그 특성까지 밝혔다. 청자고둥의 길이는 약 4~5센티미터이므로 사람에게 위협을 가하기에는 침이 너무 작지만, 물고기는 이 침에 쏘이면 2초 정도면 마비될 만큼 치명적이다. 이 독은 신경계에 영향을 끼친다고 한다. 맥킨토시는 독성분을 정제해 낸 뒤 그 화학적 구조도 밝혔다.

유타 대학의 연구팀은 이 물질이 진통제로 개발될 것이라고는 생각하지 못하여 특허도 신청하지 않았다. 그러나 올리베라 교수와 공동으로 연구를 진행한 남캘리포니아 대학의 밀자니치 교수는 이 물질이 진통제로 개발될 수 있을 것이라 확신하고 뉴렉스라는 제약회사에 기술을 이전하였다. 그 후 이 회사는 아일랜드의 제약회사인 이랜에 합병되었는데, 이 회사가 이 물질을 만성 통증 및 난치성 통증 치료제로 FDA의 승인을 받았다.

프리알트는 유럽에서도 희귀 의약품으로 승인을 받았다. 희귀 의약품이란 효과적인 치료 약물이 없는 질환에 대하여 개발된 의약품을 신속하게 승인해 주는 제도이다. 2005년부터 시판된 프리알트는 1년 6개월 만에 2억 달러의 매출을 올리는 기염을 토하였다. 일본의 한 제약회사인 에이자이 사는 2006년 이 약물에 대한 유럽에서의 판매권을 사들이는 데 1억 달러를 지불하였다. 프리알트는 25개의 아미노산으로 구성된 펩타이드성 물질로서, 뇌로 통증 신호를 전달하는 칼슘 채널을 선택적으로 차단하여 진통 효과를 나타낸다.

프리알트의 개발은 의약품을 개발하는 데 바다생물이 얼마나 중요한지를 확인시켜 주었다. 자연이 만들어 낸 자기 보호 수단이자 무기인 생물의 독 등을 잘 활용하면 훌륭한 의약품이 될 수 있다는 사실을 보여 준 예이다. 또한 젊은 대학생의 창의력을 북돋워 준 결과이기도 하며, 작은 것도 주

통증, 말 그대로 아픈 증상이다. 사람은 손에 조그만 가시가 박혀도, 종이에 살짝만 베어도 아픔을 느낀다. 사람은 오감이라 하여 시각, 청각, 후각, 미각, 촉각의 5가지 감각을 갖고 있는데, 통증은 그중 촉감의 하나이다. 아주 심한 몸살감기나 치통 등으로 많이 아플 때에는 아프지만 않으면 뭐든지 할 수 있을 것 같은 생각이 든다. 이런 이유 때문인지 약국에서 가장 잘 팔리는 약이 진통제라고 한다. 그 만큼 사람들은 아프거나 고통 없이 살기를 원하는 것일 게다. 그런데 사람은 왜 이렇게 통증을 잘 느끼는 것일까?

통증은 생명체가 생명을 유지하는 중요한 수단 가운데 하나로, 위험이나 더 큰 아픔에 대한 경고이다. 만약 통증을 느끼지 못하는 사람이 있다고 가정하면, 펄펄 끓는 뜨거운 물이나 가스레인지의 파란 불 속으로 자기의 손을 아무렇지도 않게 넣을지도 모를 일이다. 다행스럽게도 똑똑한 우리의 유전자는 통증이 건강한 삶을 유지하는 데 반드시 필요한 요소라는 것을 알고 우리 몸에 아주 정교한 '통증을 느끼는 시스템'을 심어 놓았다.

사람의 몸에는 여러 가지 감각을 느낄 수 있는 감각 수용체들이 있다. 이들은 아픔을 느끼는 통점, 뜨거움을 느끼는 온점, 차가움을 느끼는 냉점, 압력을 느끼는 압점 등이다. 이는 각각의 아픔, 뜨거움, 차가움, 압력과 같은 신호를 신속하게 뇌로 전달하여 사람이 느끼게 한다. 이와 같은 여러 가지 감각 수용체 중에서 우리 몸에 가장 넓게 분포하고 있는 것은 아픔을 느끼는 통점이라 한다. 온점이 평균 1제곱센티미터 안에 약 2~3개 존재하는 데 비하여 통점은 같은 면적에 100~200개나 있다. 뿐만 아니라 다른 감각 수용체들의 끝부분이 캡슐에 싸여 있는 것과는 달리, 통점은 신경에서 뻗어 나온 끝부분이 그대로 노출되어 있어서 다른 감각기보다 훨씬 더 민감하게 반응한다. 따라서 통증은 다른 감각보다 가장 먼저 반응하게 되어 있다. 그런데 특이하게도 다른 자극의 경우도 그 자극의 강도가 지나치게 강하면 통증으로 느끼게 된다.

의 깊게 관찰하고 탐구하는 습관이 좋은 과학자가 되는 데 좋은 밑거름이 된다는 사실도 일깨워 준다.

## 게 껍질도 약으로 쓰인다

게를 생각하면 가장 먼저 떠오르는 것은 찜통에서 갓 꺼내 김이 모락모락 나는 게 껍질 속에 감춰진 오동통하고 부드러운 게의 속살과 그 감칠맛이다. 한때 유행하였던 "니들이 게 맛을 알아?"라는 TV의 광고 문구처럼 게 맛을 정확히 표현하기는 어렵다. 그러나 쉽게 잊히지 않으면서 사람을 행복하게 하는 맛이다.

그 맛있는 게의 속살은 단단한 껍질에 감싸여 있다. 빨리 먹고 싶은 마음에 조바심을 내다 보면 때로는 손에 상처를 입히기도 한다. 철저하게 게 살을 보호하는 게 껍질은 지금까지는 속살을 발라내고 나면 아무 소용이 없어서 버려졌다. 그런데 그 게 껍질이 약의 원료로 쓰인다고 한다.

게나 새우 같은 갑각류의 딱딱한 껍질이나, 버섯과 같은 균류의 세포벽에는 키틴이라고 불리는 당류가 있다. 키틴은 아세틸글루코사민이라는 당의 유도체가 반복적으로 아주 길게 결합되어 있는 물질로, 분자량이 100만 이상인 고분자의

다당류이다. 키틴은 지구상에서 연간
1000억 톤 정도가 생성되어 생물체를 지
지하거나 외부 공격으로부터 자신을 보호
하는 역할을 한다. 식물에 의해서 생합성<sup>생</sup>

물체에서 물질을 합성하는 것 되는 다당류인 셀룰
로오스 다음으로 가장 많이 생합성 되는
물질이다.

　　보통 키틴 자체는 흡수가 잘 안
되므로 키토산으로 만들어 흡수가
잘 되도록 돕는다. 그 과정은 키틴
에 열을 가한 다음 진한 수산화나트
륨 용액으로 처리해 아세틸기를 제

껍질에 키틴 성분이 풍부한 갑각류들
위로부터 대게, 꽃게, 바닷가재

거하는 것인데, 요즘은 수산화나트륨 대신 아세틸기를 떼어
내는 효소<sup>N-deacetylase</sup>나 이 효소를 분비하는 미생물을 이용
하여 키토산을 만들기도 한다. 키토산은 분자량이 큰 다당류
인데 산이나 효소로 처리하면 저분자화되어 키토올리고당이
된다. 나아가 키토산을 기본적인 단당체 형태로까지 자른 것
은 글루코사민이라고 한다. 그러면 키토산과 키토올리고당,
글루코사민은 우리의 몸에서 어떠한 작용을 할까?

키틴의 구조

키토산은 체내에서 담즙산과 결합하거나, 지방과 엉겨 붙어 동맥경화, 심장병, 뇌경색 등의 주요 원인이 되는 혈중 콜레스테롤을 낮춰 주는 효과가 뛰어나다. 세균이나 바이러스와 같은 미생물의 세포막과 결합하여 미생물이 늘어나는 것을 막는 항균작용도 하고, 인체에 유익한 유산균의 생육을 돕기도 한다. 또한 키토산은 분자량에 따라 항암 효과, 중금속 제거, 항균, 다이어트, 치매 방지 등의 효과를 나타낸다고 보고되어 있다.

키토산의 구조

키토올리고당은 암세포를 공격하는 자연살해세포의 작용을 강화시켜 항암 작용을 가지는 것으로 알려져 있다.

글루코사민은 체내의 관절이나 연골 성분 중의 하나이므로, 게에서 추출한 글루코사민을 섭취하면 퇴행성 관절염 개선에 효과가 있는 것으로 알려져 있다. 특히 상어의 연골 추출물인 콘드로이친과 글루코사민을 같이 복용하였을 때에 관절염 개선 효과는 더 높아진다고 한다.

인간은 생명을 유지하는 데 있어 중요한 경고 현상인 통증을 잊기 위해서 진통제라는 것을 개발하였다. 진통제는 크게 마약성 진통제와 비마약성 진통제로 나눌 수 있다.

　대표적인 마약성 진통제의 예는 1805년 독일의 약제사이자 화학자인 제르튀르너가 아편에서 분리한 모르핀이다. 모르핀은 최초의 현대 의약품으로 강력한 진통작용을 가지고 있으나, 중독성이 강하여 일반인에게는 사용이 금지되어 있다. 의료용으로 말기 암환자나 견디기 힘든 극심한 통증 등에만 제한적으로 처방하고 있다. 모르핀 이외에 코데인, 트라마돌, 펜타닐, 옥시코돈 같은 마약성 진통제도 있다. 코데인은 아주 적은 양을 희석하여 진해제로 기침을 가라앉히는 데에 사용하기도 한다.

　비마약성 진통제는 우리가 일상 생활을 하면서 두통, 치통, 생리통 등에 먹는 알약이나 물약으로 된 진통제, 그리고 근육통 · 염좌 · 요통 · 관절통 등에 사용하는 파스류와 연고류 등이다. 우리 몸에 이상이 생기거나 병원균이 침입하게 되면, 프로스타글란딘이나 브라디키닌과 같은 물질이 방출되어 몸에 생긴 이상 신호를 뇌로 전달한다. 그런데 프로스타글란딘이나 브라디키닌 같은 물질이 방출되면 통증과 함께 열이 나고 염증도 생기게 된다. 우리가 일반적으로 사용하는 진통제는 대부분 프로스타글란딘의 합성을 억제하거나 브라디키닌의 작용을 억제하는 것들이다. 그래서 대부분의 진통제는 진통 효과뿐만 아니라 열을 내리고, 염증을 억제하는 소염작용을 함께 하는 경우가 많다.

세포가 손상되면 그 신호는 뇌에 전달되고, 세포막에 있는 아라키돈산은 칵스라는 효소에 의해서 통증을 유발하는 물질인 프로스타글란딘으로 변하게 된다. 아스피린 같은 진통제는 칵스라는 효소를 억제하여 통증물질인 프로스타글란딘이 합성되지 못하게 하여 진통 효과를 나타낸다.

비마약성 진통제의 대표주자로는 아세틸살리실산이 주성분인 아스피린, 아세트아미노펜이 주성분인 타이레놀, 이부프로펜이 주성분인 애드빌 등이 있다.

의학의 아버지라고 불리는 히포크라테스는 이미 기원전 5세기

아세트아미노펜          이부프로펜

아세트아미노펜과 이부프로펜의 구조

경에 버드나무 껍질을 달인 물을 마시면 맛이 쓰고 냄새는 고약하지만 열을 내려 주고 통증이 없어진다는 기록을 남겨 두었다. 그러나 버드나무 껍질에서 의약품이 개발된 것은 그로부터 2000년도 더 지난 후의 일이었다. 1887년 독일의 바이엘 사에 근무하던 호프만 박사가 류머티스 관절염으로 고생하시던 아버지를 위해서 버드나무 껍질에서 살리실산을 추출하여 해열, 진통, 소염 작용을 가지는 약을 만들었다.

이 약은 아스피린이라는 제품명으로 1899년부터 시판되었다. 아스피린aspirin이란 이름은 살리실산에 아세트산을 섞어서 만들었기 때문에 아세트산의 "a"자와 버드나무의 학명을 뜻하는 "Spiraea"의 "spir"를 붙여서 만들었다. 지금도 연간 10만 톤 이상이 팔리고 있으며, 인류에게 가장 친숙한 약 중의 하나로 꼽힌다. 또한 아스피린은 적은 용량을 지속적으로 복용하면 뇌졸중이나 심혈관 질환의 예방에 도움이 된다고 알려져서 노인들에게 사랑받고 있다.

아스피린의 구조

# 멍게, 우리가 못 생겼다고?
## 우린 소중해…

### 멍게가 불임 치료에 도움을 준다

멍게의 다른 이름은 우렁쉥이이다. 멍게는 세계적으로 1500여 종이 알려져 있으며, 우리나라에는 70여 종이 서식하고 있다. 많은 종이 열대의 산호초 지역에 분포하며, 수심 2000미터가 넘는 심해에 사는 종류도 있다. 종에 따라 혼자서 살아가는 단체(單體)멍게와, 무리를 이루어서 사는 군체(群體)멍게가 있다. 우리가 흔히 보는 멍게는 단체멍게이다.

멍게는 암수한몸이며 생식샘 중앙에 난소가 있고 그 주위에 정소가 있다. 단체멍게는 체외수정을 하는데, 군체멍게는 체내수정을 하는 종도 있다. 종에 따라서 한번에 1000개

멍게(왼쪽)와 양식 중인 군체멍게(오른쪽)

정도의 알을 2주에서 몇 달에 걸쳐서 낳는 종이 있으며, 1년 내내 알을 낳는 종도 있다. 알과 정자는 출수공을 통해 몸 밖으로 배출된 뒤 수정된다. 알의 크기는 보통 지름이 0.3밀리미터이며, 1000~12000여 개의 알을 낳는다.

수정된 멍게의 알은 물속을 헤엄치는데, 이틀 후에는 길이 약 1.5밀리미터의 올챙이 모양 유생인 아펜디쿨라리아가 된다. 물속을 떠다니는 부유생활이 끝나면 뿌리 모양의 부착돌기로 바위나 다른 물체에 달라붙어서 탈바꿈<sup>변태</sup>을 시작한다. 꼬리의 척삭<sup>척수의 아래로 뻗어 있는 연골로 된 줄 모양의 지지조직</sup>과 근육은 몸통에 흡수되어 사라지고 감각기관은 퇴화된다. 물이 드나드는 입수공과 출수공이 열려서 먹이를 먹기 시작한다. 멍게류는 다른 물체에 붙어서 입수공을 통해 물과 플랑크톤

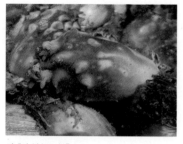
멍게의 입수공과 출수공

을 먹은 뒤 물과 필요 없는 물질은 출수공으로 내보내므로 입수공과 출수공을 열고 생활한다. 갑각류나 어류가 멍게류의 출수공을 통해 멍게의 몸속에 알을 낳는 경우도 있으며, 바닷말인 녹조류와 공생을 하여 녹색을 띠는 멍게도 있다.

멍게는 몸의 겉이 울퉁불퉁하게 생겨서 피부가 좋지 않은 사람의 별명으로 가장 많이 사용되는 바다생물이다. 유명한 야구선수 중에 멍게라는 별명을 가진 사람이 있었다. 그 사람의 위력적인 투구와 인기만큼이나 멍게는 특유의 향과 맛으로 사람들에게 인기 있는 해산물이며 아버지들의 술안주로도 환영을 받고 있다.

멍게 특유의 향은 옥타놀과 신티아놀 성분 때문이다. 신티아놀은 숙취를 없애 주기도 한다. 이는 술안주로 멍게를 즐겨 먹는 한국인의 식습관이 과학적이라는 사실을 알려 주는 예가 된다. 또한 멍게는 인체에 반드시 필요한 미량금속 바나듐을 풍부하게 함유하고 있어서 신체의 신진대사를 원활하게 하거나 당뇨병 개선에도 효과적이다. 굴이나 해삼, 성게 등과 함께 멍게는 스태미너 식품으로도 알려져 있는데, 이것은 멍게의 바나듐과 함께 글리코겐의 효과 때문이다. 또한 오징어나 문어 등에 많이 포함되어 있는 타우린도 함유하고 있어서 항산화작용을 하며 콜레스테롤의 농도를 조절하고 시력을 좋게 하는 등의 효과가 있는 것으로 밝혀졌다.

이 외에 멍게는 아기를 갖지 못하는 불임 치료 연구에도 도움이 되는 것으로 알려져 있다. 멍게의 정자와 난자는 사람의 것과 흡사한 점이 많다고 한다. 사람의 정자나 난자를 이용하여 연구할 때에는 윤리적 측면에서 문제가 되기도 하고, 실험재료를 많이 확보하는 것도 쉽지 않아서 불임 치료 연구는 어려움이 많았다.

영국에 있는 뉴캐슬 대학의 맥더갈, 존스 박사는 사람의 정자가 난자와 접촉하는 데 실패하는 원인을 밝히기 위하여 사람의 것과 비슷한 멍게의 정자와 난자를 이용하여 연구를 진행하였다. 그 결과, 멍게의 정자에는 멍게의 난자에 화학적 변화를 일으키는 단백질이 있다는 사실을 밝혀냈다. 그런데 불임인 남성의 정자에서 같은 단백질에 문제가 있는 것을 확인하였다. 따라서 멍게의 정자에 있는 이 단백질의 기능과 역할이 밝혀지면 사람의 불임 치료에 대한 실마리를 찾을 수 있을 것으로 생각된다.

일본의 과학기술진흥사업단의 요시다 박사와 오사카 대학의 무라타 교수는 공동 연구를 통해 멍게의 난자가 분비하는 정자 유인물질의 구조를 밝혀냈다. 이 물질은 유산화 스테로이드의 일종으로 정자가 이 물질에서 멀리 떨어져 있을 때에는 운동 방향이 급격히 바뀌는 등의 현상을 확인하였다. 멍게를 이용한 이러한 발견은 인간의 수정 연구는 물론 불임 연구나 치료에도 아주 유용할 것으로 기대를 하고 있다.

## 멍게는 안주뿐 아니라 항암제의 원료로도 쓰인다

멍게 하면 가장 먼저 떠오르는 것은 투박하고 못생긴 모양과 특유의 향이다. 어른들 중에는 멍게라는 이름만 들어도 입맛을 다시며 소주 한 잔을 떠올리는 분들이 있다. 우리가 멍게를 밑반찬으로 또는 술안주로 맛있게 먹고 있을 때, 지구의 반대편에서는 비록 우리가 식용하는 종은 아니지만 멍게에서 항암제를 개발해 냈다. 국토의 삼면이 바다로 둘러싸인 우리나라에서 수산물이나 바다생물을 단지 먹을거리로만 이용하고 있을 때, 선진국의 연구자들은 암을 치료하는 등 막대한 부가가치를 창출하는 의약품으로 개발하고 있었던 것이다.

스페인의 젤티아라는 제약회사는 멍게에서 욘델리스라고 하는 연조직육종 근육이나 지방 등의 연조직에 발생하는 암의 일종에 탁월한 효과를 보이는 항암제를 개발하였다. 욘델리스는 엑티나시디아 터비나타 *Ecteinascidia turbinata* 라는 군체멍게의 일종에서 분리한 트라벡테딘 trabectedin 이라는 유효 성분을 항암제로 개발한 것이다. 트라벡테딘은 미국 일리노이 대학의 라인하트 교수가 1987년에 처음으로 분리하였다.

욘델리스는 DNA의 손상 복구 시스템을 방해하여 항암활성을 나타낸다. 보통 DNA에 손상이 일어나면 손상 부위를 복구하기 전에 우선 DNA의 이중나선을 풀고 손상된 부위를 잘라 내야 하는데, 욘델리스는 DNA 나선에 있는 좁은 홈에 결합하여 DNA의 절단 복구 시스템을 무력화하여 항암활성을 나타낸다. 이 물질은 항암제로 개발되기까지 많은 어려움이 있었다.

라인하트 교수가 트라벡테딘을 멍게에서 분리한 이후에 여러 가지 항암 활성실험과 동물실험을 하기 위해 많은 양의 순수한 물질이 필요하였다. 그런데 이 물질은 엑티나시디아라고 하는 특정 군체멍게에 아주 조금 존재할 뿐이다. 순수한 1그램의 트라벡테딘을 얻기 위해서는 1톤의 군체멍게를 채집해야 한다. 임상실험을 하려면 5그램의 순수한 트라벡테딘이 필요한데, 이 만큼의 양을 분리해 내기 위해 이 특정 멍게를 자연에서 스쿠버다이빙으로 채집한다는 것은 거의 불가능한 일이다.

이에 라인하트 교수는 이 물질에 대한 특허권을 스페인의 파르마마르라는 회사에 팔았다. 파르마마르는 이 멍게를 양식하였으나 이 물질을 싼 값에 충분히 공급하지는 못하였다. 라인하트 교수는 하버드 대학의 코리 교수에게 이 물질의 합성을 부탁하였다. 욘델리스의 구조는 상당히 복잡하여 유기합성이 간단하지 않은 화합물이다. 코리 교수는 이 물질을 45단계의 아주 긴 합성 과정을 거쳐 전합성을 하는 데에 성공하여 임상실험에 필요한 물질을 공급할 수 있게 되었다. 그러나 이 방법도 너무나 긴 합성단계를 거쳐야 하므로 비용이 많이 들기 때문에 좀 더 실용적이고 간단한 방법

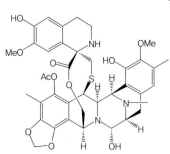

욘델리스의 구조

이 필요해졌다.

그 이후에 파르마마르의 연구자들은 욘델리스에서 항암 활성을 나타내는 중요한 부위에 해당되는 구조를 가지는 물질인 사프라신 B라는 물질을 슈도모나스 플루오레센스*Pseudomonas fluorescens*라는 미생물이 생성한다는 사실을 알아냈다. 이로써 사프라신 B를 원료물질로 하여 반합성법으로 욘델리스를 간단하게 생산하게 되었다.

사프라신 B의 구조

욘델리스는 연조직육종 치료제로서 유럽에서는 존슨 앤 존슨이 판매하고 있으며, 우리나라에서도 2008년부터 한국 얀센에서 국내 시판 허가를 받아 판매하고 있다. 연조직육종의 치료제로는 지금까지 이포스파마이드와 독소루비신이라는 두 가지 약물밖에 없었다. 그런데 두 약물의 치료 반응률이 약 20퍼센트에도 미치지 못할 뿐만 아니라 부작용도 심해서 연조직육종을 치료하는 데 큰 어려움이 있었다. 그런데 이 두 약물과는 달리 욘델리스는 심장이나 신경 독성이 없을 뿐 아니라, 욘델리스를 투여한 환자들의 1년 후 생존율이 60

퍼센트를 넘어 치료 효율도 높은 편이다.

요델리스는 연조직육종뿐만 아니라 다른 암에도 효과가 뛰어난데, 특히 난소암 치료에 좋은 효과를 보이고 있다. 요델리스의 판매량은 연조직육종과 난소암 치료에 대해서만 약 1.5조 원을 넘을 것으로 예상하고 있다. 젤티아는 요델리스를 다른 종류의 암에 대한 치료제로도 개발 중이라 한다. 만약 개발에 성공한다면 요델리스의 판매는 훨씬 더 늘어나게 될 것이다.

# 바닷물고기로도
# 약을 만든다

## 복어 독으로 만든 진통제

복어는 일반적으로 열대 및 온대 지역의 따뜻한 해역에 사는 어류이다. 전 세계적으로 120여 종 정도가 알려져 있으며, 우리나라와 일본 근해에는 약 38종이 서식한다. 우리나라에 서는 참복으로 통하는 검복, 까 치복, 자주복, 흰밀복 등을 주로 식용하며, 지역에 따라서는 황복 과 졸복을 먹기도 한다. 일반적 으로 복어는 살이 찌는 늦가을에 서 초봄까지가 맛이 가장 좋다.

상대를 위협하기 위해 한껏 몸을 부풀린 복어

복어는 위에 둥근 주머니팽창낭를 가지고 있어서 주머니 속으로 공기나 물을 빨아들였다가 내뿜어서 모래나 뻘에 있는 먹이를 걸러서 잡아먹는다. 때에 따라서는 이 주머니를 3배 정도까지 부풀려서 상대를 위협하거나 자기를 방어하는 데 이용하기도 한다. 이렇게 물을 뿜어내거나 몸이 훅 부풀어지는 생선이라고 하여 영어로는 퍼프피시puffer fish라고 한다.

왼쪽 위부터 참복, 까치복, 자주복,
황복, 졸복

복어는 밤이 되면 대부분 모래 바닥으로 숨어들어 휴식을 취하므로 집어등을 사용하여 낚아 올린다. 이렇게 잡아 올린 복어를 요리할 때에는 손질에 특히 신경을 써야 한다. 복어 한 마리에는 보통 어른 33명을 죽음에 이르게 할 수 있는 테트로도톡신tetrodotoxin이라는 강력한 독이 들어 있기 때문이다.

복어 독은 1909년 일본의 타하라 박사가 복어의 난소에

서 정제하여 테트로도톡신이라고 이름

붙였다. 이 독은 산란기인 4~6월

의 복어 난소나 알에 가장 많고

간에도 존재하는 반면 신장,

내장과 안구 등에는 없으

며 근육에도 거의 존재하지

않는다. 테트로도톡신은 복어

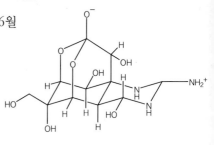

테트로도톡신의 구조

가 만들어 낸 특유의 독성분이라고 여겨졌으나 복어뿐만 아

니라 문절망둑, 소라고둥, 일부 불가사리에서도 테트로도톡

신이 분리되었으며, 호주산 낙지, 캘리포니아 도롱뇽과 개구

리 등에도 있는 것이 확인되는 등 자연계에 널리 분포하고

있다.

　게의 창자에서 분리한 세균이 테트로도톡신을 생산한다

는 사실이 밝혀진 이후에는 여러 가지 연구가 진행되어 비브

리오*Vibrio*, 슈도모나스*Pseudomonas* 등과 같은 해양미생물도 테

트로도톡신을 생산한다는 것이 확인되었다. 또한 복어의 테

트로도톡신 함유량은 개체, 어종, 계절, 지역 등에 따라 차이

가 있다. 특히 양식을 한 복어에는 독이 없는 것으로 보아 해

양미생물에 의해 생성된 복어 독이 먹이사슬을 통하여 복어

에 축적되는 것으로 보인다.

복어 독은 청산가리보다 독성이 약 1000배 정도 강해서 약 1밀리그램만 먹어도 목숨을 잃을 수 있다. 또한 열에 안정적이라 끓여도 4시간 이내에는 전혀 독성을 잃지 않으며, 6시간 이상 끓여야 파괴되기 시작하여 9시간 정도 끓이면 거의 파괴된다. 이 독은 중추신경과 말초신경을 마비시켜 숨쉬기가 힘들고 혈압이 급격히 떨어지며, 운동신경이나 지각신경을 마비시키기도 한다.

보통 독을 먹게 되면 20분쯤 지나서부터 입술과 혀끝 그리고 손끝이 둔해지며 가벼운 경련과 함께 손발이 저려 오고 두통이나 복통을 일으킨다. 메스꺼움이나 구토 증상이 있은 후에는 몸을 움직일 수 없게 되고 숨도 제대로 쉴 수 없으며 혈압이 급격히 떨어진다. 결국 혼수 상태에 빠지면서 호흡이 멈추어 사망하게 된다. 독을 먹은 후 사망에 이르기까지는 1시간 30분~8시간 정도밖에 걸리지 않는데, 오히려 이 시간이 지난 후에는 회복할 가능성이 높다고 한다.

복어 독을 섭취하였을 경우 가장 큰 사망 원인은 호흡 곤란이다. 이것은 보통 신경이 근육을 움직이게 하는 신호를 보내는데 그 사이에 전달되는 수용체를 복어 독이 차단하여 호흡 근육이 마비되거나 때로는 심장 근육의 기능을 떨어뜨려서 숨을 쉬기 힘들게 만든 때문이다. 따라서 복어 독에 중독되면 토하게 하고 물을 많이 마시게 해서 체내의 복어 독 농도를 낮추고, 병원으로 옮기는 동안 인공호흡기를 대 주면 생존율을 높일 수가 있다.

이렇게 사람의 목숨까지 위협하는 위험한 복어 독으로 어떻게 진통제를 만들 수 있을까? 이것은 식중독균인 보툴리눔 균의 독소로 주름을 제거하는 '보톡스'라는 의약품을 만드는 것과 원리가 비슷하다. 테트로도톡신은 맹독성 물질이지만 세포를 파괴하거나 썩게 하지 않을 뿐만 아니라 중독되더라도 목숨을 잃지 않으면 간에서 해독되어 수일 만에 회복되는 등 후유증이 없다. 따라서 테트로도톡신을 희석시켜 아주 적은 양 만을 사용해서 신경세포를 마비시키는 성질을 이용하면 말기 암환자의 고통을 덜어 주는 진통제나 국소마취제 등으로 사용할 수가 있다.

캐나다의 웩스 제약은 테트로도톡신을 텍틴이라는 이름의 주사제로 개발한 뒤 특허를 따 놓았다. 이 회사는 임상실험을 하면서 마이크로그램 단위의 극히 적은 양을 환자에게 투여하였을 때, 말기 암환자들에게 나타나는 극심한 통증을 줄여 주는 효과가 기존의 진통제들보다 훨씬 뛰어났다고 발표하였다. 특히 텍틴은 모르핀과는 달리 비마약성 진통제이므로 부작용이나 다른 약물과의 상호작용이 일어나지 않을 것이라고 한다. 이와 같은 뛰어난 통증 완화 효과는 텍틴이 뇌로 통증을 전달하는 신경의 신호 전달 과정에 끼어들어 강력하게 이 과정을 차단하기 때문인 것으로 보인다. 또한 헤로인 중독환자들의 금단 증상을 완화시키는 데도 효과가 있을 것으로 기대하고 있다.

주목할 만한 사실은, 최근 북한에서도 보가지<sup>황복의 북한말</sup> 독을 이용하여 '테트로도카인'이라는 주사제를 개발하였다고 한다. 복어 독인 테트로도톡신을 원료로 하여 만든 테트로도카인은 말기 암, 신경통, 류머티즘성 관절염 환자들의 통증을 진정시키는 진통제로 사용할 뿐만 아니라 기관지 천식, 악성 감기, 폐렴과 같은 호흡기 질환에도 효과가 있다고 한다.

현재 우리나라는 테트로도톡신 전량을 미국 등으로부터 수입하고 있으며, 1밀리그램에 40만 원 정도로 아주 비싸게 팔리고 있다. 최근 들어 국내에서도 복어 독을 이용한 새로운 진통제와 마취제 개발에 대한 연구들이 진행되고 있다.

전 세계의 바다에는 약 400여 종의 상어들이 살고 있으며, 우리나라의 연근해에서도 40여 종이 발견되고 있다. 상어 하면 가장 먼저 떠오르는 것은 영화 「죠스」에 나왔던 백상아리의 위협적인 모습일 것이다. 그러나 실제로 400여 종의 상어 중에서 사람을 공격하는 것은 27종뿐이다. 상어는 물렁뼈 골격을 가지는 연골어류로, 머리 양쪽에 5~7개씩의 아가미를 가지고 있다. 일반 물고기들과는 달리 부레가 없는 것이 특징이라면 특징이다. 부레가 없는데 어떻게 물속에서 뜰 수 있는 것일까?

상어는 한마디로 간 큰 물고기이다. 상어의 간은 지방질로 되어 있으며 내장 전체의 25퍼센트를 차지할 정도로 크다. 바로 이 지방질의 간이 상어를 물에 뜨게 한다. 지방은 물보다 가볍기 때문에 지방질의 큰 간이 몸집 큰 상어를 부레 없이 물에 뜨도록 해 주는 역할을 한다. 항산화작용이 뛰어나다고 알려져 인기를 끌고 있는 기능성 건강 식품인 스콸렌squalene은 심해 상어의 간유를 추출하여 만든 것이

상어 간에서 추출한 간유로 만든 캡슐제

다양한 종류의 상어

다. 이래저래 쓰임새가 많은 상어의 간이다.

상어가 지구상에 나타난 것은 약 4억 1800만 년 전인 고
생대의 실루리아기라고 한다. 상어는 사는 곳에 따라 얕은
바다에서 사는 종류, 바다의 표층에 살면서 멀리 이동하는
종류, 심해에 사는 종류로 나뉜다. 상어의 크기 또한 아주 다
양하다. 콜롬비아 근해에는 몸길이가 16센티미터밖에 안 되
는 아주 작은 상어가 있는가 하면, 몸길이가 18미터에 이르
는 고래상어도 있다.

심해 상어는 바닷속 500~1000미터 깊이에 주로 살고 있
다. 이 정도 깊이의 바다는 기압이 50~100기압으로 아주 높

으나 기온은 섭씨 2~4도로 서늘하고 태양 빛이 거의 들어오지 않는 암흑의 세계이다. 심해 상어의 눈은 잘 발달되어 있으며 보통 눈빛은 에메랄드색이다. 깊은 바닷속에는 빛이 거의 없고 어두워서 먹이인 물고기 등이 움직일 때에 생기는 발광현상을 잘 보기 위해서이다. 대신 얕은 바다에 사는 상어들은 눈이 작고 시력이 약한 대신 후각이 발달된 종이 많다.

1992년에 레인이 쓴 『상어는 암에 걸리지 않는다 Sharks don't get cancer』라는 책이 출간된 후에 상어 연골 추출물로 만든 제품이 기능성 식품으로 불티나게 팔린 적이 있다. 지금도 상어 연골 추출물로 만든 제품은 어르신들이 기능성 식품 코너나 인터넷을 통해 많이 구입하는 제품 중의 하나이다. 그러나 상어도 암에 걸릴 뿐 아니라, 상어 연골로 만든 제품들이 암환자의 생존 기간을 늘리거나 증상을 완화시키는 데 도움이 되지 않는다는 연구 결과가 나오기도 하였다.

상어의 연골에는 혈관이 없으며 상어의 발암률이 다른 동물들보다 낮다는 데에 주목한 연구자들은 상어의 연골에서 암을 치료할 수 있는 물질을 찾는 노력을 지속적으로 하고 있다. 그 결과, 상어의 연골에는 신생 혈관 억제제가 있다는 사실을 알아냈다. 신생 혈관 억제제는 암의 성장에 필요한 산소와 영양분을 공급하는 새로운 혈관이 만들어지는 것을 억제시켜 항암작용을 나타내는 것이다.

캐나다의 제약회사인 에테르나 사는 상어 연골에서 추출한 AE-941이란 물질이 신생 혈관을 억제하는 데 아주 뛰어난 효과가 있다는 것을 확인하고, '네오바스타트'라는 이름을 붙여 임상실험을 하였다. 2003년 우리나라의 LG생명과학이 네오바스타트의 국내 독점 판매권을 확보하였으나, 임상실험 거의 마지막 단계에서 신장암이나 폐암 환자의 생존 기간을 늘이는 데 도움이 되지 않는 것으로 나타났다. 그럼에도 다른 암종에 대한 네오바스타트의 항암 효과를 연구하고 있어 앞으로 항암제로서의 개발에 대한 기대는 아직 남아 있다.

## 등 푸른 생선으로 의약품을 만든다

일반적으로 등 푸른 생선은 얕은 바다나 바다 표면 가까이에 사는 데 비해 흰살 생선들은 깊은 바다에 산다. 등 푸른 생선들은 바닷물의 흐름을 따라 여기저기 헤엄쳐 이동하므로 움직임이 많아서 육질이 단단하고 맛이 있다. 고등어, 꽁치, 정어리, 참치 등이 대표적인 등 푸른 생선 들이다. 등 푸른 생선은 흰살 생선보다 영양학적으로 질 좋은 아미노산들을 많

정상 세포는 세포 분열 과정이 정확히 조절되어 일정 시간이 지나면 세포가 죽게 되는데, 암세포의 경우는 비정상적으로 분열과 증식이 끊임없이 일어난다. 암세포가 자라기 위해서는 정상 세포와 마찬가지로 산소와 영양분이 필요하다. 그렇다면 암세포는 어떻게 산소와 영양분을 공급받는 것일까?

암세포는 우리 몸에 있는 혈관으로부터 산소와 영양분을 공급받기 위해 새로운 혈관신생 혈관을 형성하게 하는 물질을 분비하여 자기 주변에 신생 혈관을 만들어 산소와 영양분을 공급받는다. 새로운 혈관을 형성하게 하는 것을 혈관 신생이라고 하는데, 이 과정을 방해하면 암세포는 더 이상 자라지 못하거나 굶어 죽게 되어 암의 전이도 억제된다.

이러한 항암작용을 가지는 항암제들을 신생 혈관 억제제라고 한다. 로슈 제약과 제넨테크가 개발한 아바스틴이 이런 작용을 가지고 있는 항암제로 FDA의 승인을 받아서 시판되고 있다.

이 함유하고 있으며, 에이코사펜타엔산EPA이나 도코사헥사엔산DHA과 같은 불포화지방산이 많고 비린내가 심하다.

보통 지방은 글리세롤과 지방산으로 구성된다. 지방산에는 포화지방산과 불포화지방산이 있는데, 포화지방산이든 불포화지방산이든 지방산은 카르복실산COOH이라고 하는 산성

등 푸른 생선들
왼쪽 위부터 고등어, 꽁치, 정어리, 참치

부분과 4~26개 정도의 탄소에 산소가 결합된 사슬로 되어 있다. 즉, 지방산은 탄소, 수소, 산소로 구성되며, 탄소 사슬의 한쪽 끝에는 메틸기$CH_3$, 다른 쪽 끝에는 카르복실기$COOH$가 결합되어 만들어진 성분이다. $CH_3-(CH_2)n-COOH$로 표현하는데 여기에서 n은 탄소 사슬의 길이를 나타내며 지방산의 종류에 따라 탄소 사슬의 길이는 달라진다.

포화지방산은 이 사슬 부분의 탄소가 수소로 채워져<sup>포화</sup> 있어서 포화지방산이라고 하며 상온에서는 보통 굳은 고체 상태이다. 불포화지방산은 이중결합이 있어서 탄소에 수소가 완전히 채워져 있지 않은<sup>불포화</sup> 지방산이다. 불포화지방산은 보통 1개 이상의 이중결합을 가지고 있으며, 실온에서는 액체 상태이다.

불포화지방산은 이중결합이 몇 개이며, 이중결합의 위치가 어디인가에 따라서 다시 단일불포화지방산, 다중불포화지방산<sup>다가불포화지방산</sup>, 고도불포화지방산, 오메가-3지방산, 오메가-6지방산, 오메가-9지방산 등으로 나누어진다. 단일불포화지방산은 이중결합이 하나 있는 불포화지방산으로, 올리브유에 많이 함유되어 있는 올레산이 대표적이다. 다중불포화지방산은 이중결합이 2개 이상인 지방산을 말하며,

고도불포화지방산은 이중결합이 4개 이상으로 많이 고도 불포화된 지방산을 가리킨다. 이중결합의 위치가 탄소 사슬의 가장 끝에 있는 오메가 탄소로부터 3번째에서 시작하면 오메가-3지방산, 6번째에서 시작하면 오메가-6지방산, 9번째면 오메가-9지방산이라 부른다.

등 푸른 생선에 많이 들어 있다는 EPA와 DHA는 어떤 지방산일까? EPA는 탄소수가 20개에 이중결합이 5개(C20:5) 있으며 DHA는 탄소수가 22개에 이중결합이 6개(C22:6)가 있다. 둘 다 이중결합의 위치가 마지막 탄소로부터 3번째에서 시작한다. 따라서 EPA와 DHA는 고도불포화지방산이면서 오메가-3지방산이다.

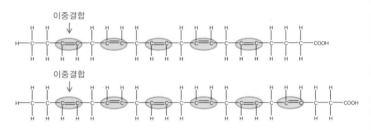

EPA(위)와 DHA(아래)의 구조

"등 푸른 생선을 많이 먹으면 머리가 좋아진다?"는 말을 들어 봤을 것이다. 등 푸른 생선의 기름에는 DHA가 5~10퍼센트 정도 함유되어 있는데, DHA는 사람의 뇌나 각막, 신경 등에서 많이 발견되는 물질로 이들 기관의 기능에 중요한 작용을 하기 때문에 나온 말이다. 뿐만 아니라 등 푸른 생선에 많이 포함되어 있는 EPA와 DHA는 우리 몸에서도 많은 역할을 한다. 체내의 나쁜 지방은 낮춰 주고 피의 흐름을 원활하게 해 주어 혈압을 정상적으로 유지시켜 준다. 또한 심장 질환의 위험을 낮추고 심장의 기능을 정상화시키는 역할도 하고 있어서, 미국 심장학회에서는 심장 질환이 있는 환자에게 하루에 900밀리그램의 오메가-3지방산을 섭취할 것을 권장하고 있다. 오메가-3지방산은 대표적인 노인성 질환인 기억력 감퇴, 퇴행성 관절염, 집중력 저하 등을 개선하는 데도 도움이 된다는 사실이 임상 결과 밝혀졌다. DHA는 유아나 어린이의 두뇌 발달에 크게 도움을 주는 것으로 확인되어 우리나라는 물론 일본, 유럽 등에서도 유아용 분유에 DHA를 첨가하고 있다.

EPA와 DHA에 대한 연구는 1970년대로 거슬러 올라간다. 1970년대 초에 덴마크의 다이어버그라는 학자는 그린란드 이누이트들이 지방 함량이 높은 음식을 많이 섭취하는데도 서구인들에 비해서 동맥경화나 뇌경색, 심근경색 등과 같은 심장순환계 질환에 잘 걸리지 않는다는 사실을 확인하였다. 그 이유를 모르다가 1980년대에 들어와서야 이뉴이트들의 심장 질환 발병률이 유독 낮은 것은, 그들이 고도불포화지방산이 풍부하게 함유되어 있는 생선을 많이 먹기 때문이라는 것을 알아냈다. 1989년에는 영국의 뇌 화학영양연구소의 크로포드 교수가 발표한 『원동력 The Driving Force: Food, Evolution and the Future』이라는 책에서 오메가-3지방산인 DHA가 지능 발달에 중요한 역할을 한다는 것을 밝히면서 등 푸른 생선에 많은 오메가-3지방산에 대한 연구가 활발해졌다.

일본에서는 1990년에 고도불포화지방산 중에서 EPA를 분리해 의약품으로 개발하였다. 참치에서 순도 90퍼센트 정도까지 정제한 EPA 에틸에스테르를 폐색성 동맥경화증<sub>동맥경화에 의하여 말초동맥이 좁아지는 질환</sub> 치료 의약품으로 시판을 시작하였다. 1994년에는 동맥경화의 예방 및 개선제로도 승인을 받았다. 의사들로부터 부작용이 적으며 효과가 좋은 것으로 평가를 받고 있어서 판매가 늘어나고 있다.

지방은 우리 몸의 에너지원으로 매우 중요하지만 너무 많이 섭취하게 되면 고혈압, 동맥경화, 심장병 등과 같은 심혈관 질환이나 성인병의 원인이 되기도 한다. 물론 적절히 섭취하면 에너지를 저장하거나 체온 조절, 세포막의 구성, 호르몬이나 담즙 생성 등에 중요한 역할을 한다.

지방에는 나쁜 지방과 좋은 지방이 있다. 나쁜 지방으로는 포화지방산으로 구성된 동물성 지방과 식물성 지방 중에 트랜스 지방이라는 것이 있다. 트랜스 지방은 액체 상태의 식물성 지방을 고체 형태의 지방으로 만드는 과정에서 생기는 지방이다. 액체인 식물성 기름은 상하기 쉽고 운반하거나 저장하기가 어렵다. 저장 기간을 늘리고 사용하기 편하게 식물성 기름에 수소를 첨가해서 고체 상태로 만드는데 이런 기름을 경화유라고 한다. 이렇게 만든 마가린이나 쇼트닝이 대표적인 트랜스 지방이다. 이런 트랜스 지방들은 패스트푸드나 도넛 등의 맛을 좋게 하고 모양을 내는 데 사용한다. 그러나 트랜스 지방은 우리 몸의 면역세포를 약화시켜 면역력을 떨어뜨리고, 혈관을 좁게 만드는 나쁜 콜레스테롤LDL을 증가시키는 반면에 혈관을 깨끗하게 하는 좋은 콜레스테롤HDL을 감소시켜 심장병이나 뇌졸중과 같은 심혈관 질환을 일으키기 때문에 나쁜 지방이라고 불린다.

몸에 좋은 지방은 등 푸른 생선이나 양배추, 케일 등에 많이 포함되어 있는 불포화지방산이다. 앞에서도 설명했지만 불포화지방산은 좋은 콜레스테롤HDL의 수치를 높이고 심장 질환을 예방해 주기 때문에 우리 몸에 좋은 지방이다. 따라서 나쁜 지방은 적게 먹고 좋은 지방은 적절하게 섭취하는 것이 건강을 유지하는 방법 중의 하나이다.

# 해조류,
# 성인병에는 우리가 최고!

## 해조류는 성인병 예방약이다

바닷속 식물인 해조류는 육상의 식물과 마찬가지로 광합성을 하기 때문에 빛이 잘 들어오는 얕은 바다에 주로 서식한다. 해조류는 광합성을 하기 위하여 빛을 흡수하기 위한 엽록소와 보조 색소를 가지고 있다. 해조류는 잎의 색깔에 따라 녹조류, 갈조류, 홍조류 등으로 나누어진다. 그런데 해조류들은 왜 다른 색깔을 띠는 것일까? 그것은 해조류들이 가지고 있는 색소의 종류가 다르기 때문이다.

파래, 청각 등의 녹조류는 엽록소 a청녹색와 b황녹색를 가지고 있으며 베타카로틴을 함유하고 있다. 녹조류는 엽록소 a

녹조류 _왼쪽부터 파래, 청각

갈조류 _왼쪽부터 미역, 모자반

와 b의 비율이 약 3 대 1이라서 녹색을 띤다.

미역, 다시마, 톳, 감태 등의 갈조류는 엽록소 a와 c를 가지고 있지만, 푸코잔틴<sup>갈조소</sup>이라고 하는 갈색을 띠는 색소 때문에 갈조류 특유의 색을 띠게 된다.

김, 우뭇가사리 등의 홍조류도 엽록소 a와 d가 주요 함유 색소이지만 보조 색소로 붉은색을 띠는 색소인 피코에리트린<sup>홍조소</sup>이 있어 일반적으로 붉은빛을 띠게 된다. 홍조소가 적게 들어 있는 홍조류 중에는 특이하게 갈색이나 녹색을 띠는 것도 있다.

해조류도 육지의 식물처럼 광합성을 하는데, 그렇다면 해조류와 육상식물과의 차이는 무엇일까? 가장 도드라진 차이는 해조류는 육지식물과는 달리 뿌

홍조류 _우뭇가사리

리, 줄기, 잎의 구분이 뚜렷하지 않다는 점이다. 미역이나 다시마에 뿌리 같아 보이는 부분이 있지만 이는 뿌리가 아니라 그저 바닥에 달라붙어 있기 위한 조직일 뿐이다. 또한 육상식물이 지상에 뿌리를 내리고 공기 중에 노출되어 있는 것에 비해 대부분의 해조류는 물속에 살거나 물에 떠 있다. 바닷물은 온도 변화가 거의 없어서 육상식물과 같이 껍질이 두꺼울 필요도 없다.

해조류를 구성하는 성분도 육상식물과는 많이 다르다. 해조류의 주요 성분은 단백질이 약 10퍼센트, 당질이 30~40퍼센트이며, 그 외에 칼슘, 칼륨, 요오드와 같은 각종 무기질도 풍부하다. 사람의 몸은 약 30여 종의 무기질을 필요로 하는데, 해조류가 다양한 무기질을 함유하고 있어서 건강에 아주 좋다는 것을 알 수 있다. 당질이 많아 열량이 높을 것 같

지만, 해조류의 당질은 대부분이 식물성 섬유질이라 열량을 걱정할 필요가 없다. 그래서 해조류는 저칼로리 식품으로 성인병 예방 및 다이어트 식품으로 주목받고 있다.

해조류에 많이 포함되어 있는 대표적인 식이섬유는 푸코이단후코이단이라고도 함과 알긴산이다. 푸코이단은 미역이나 다시마 등의 표면에 끈적끈적하고 미끈거리는 성분이다. 사람의 몸속으로 지방과 콜레스테롤이 흡수되는 것을 막고 혈중 콜레스테롤의 수치는 낮추어 준다. 이외에도 유방암 억제 효과가 뛰어나고 콜레스테롤 수치를 낮추어 줌으로써 동맥경화나 심장병, 뇌졸중 등의 예방에도 효과가 있다. 위궤양이나 위암의 원인이 되는 헬리코박터 균에 대해서도 항균 효과를 보이는 것으로 나타났다.

푸코이단의 구조

알긴산의 구조

알긴산은 몸속의 중금속을 흡수하여 없애 주고 항균작용을 하며, 동맥경화를 막고 변비를 없애는 등의 생리활성 효과가 있는 것으로 밝혀졌다.

전 세계적으로 장수마을로 알려진 일본 오키나와 주민들의 다시마 소비량은 같은 일본 사람들보다도 평균 2배나 많다고 한다. 이 때문인지 오키나와 주민들의 암 발병률은 일본 평균의 2/3 수준으로 낮다. 다시마에 포함되어 있는 푸코이단이 강력한 항암작용을 나타낸 때문이라 추측하고 있다.

이와 같이 해조류가 성인병을 예방하고 치료하는 데 도움이 되며 비만까지 예방해 주어 다이어트 식품 등으로 알려지면서 지금까지 바다의 잡초라 부르며 가축의 사료로나 쓰던 서양에서도 참살이 식품으로 인기를 얻고 있다. 예전부터 우리나라는 아기를 낳으면 아기 엄마에게 영양을 보충하고

기력을 회복할 수 있도록 미역국을 끓여 먹였다. 해조류의 영양 성분과 효과를 경험적으로 알고 이를 이용한 것으로 우리 조상들의 지혜를 엿볼 수 있다.

## 후천성 면역 결핍 증후군의 예방약을 갈조류가 만든다

갈조류는 다세포 조류에 속하는 큰 군으로서 전 세계적으로 약 1500종 정도가 알려져 있으며 그 대부분은 바다에 살고 있다. 갈조류는 해조류 중에서 조직이 가장 발달되어 있으며, 단세포나 군체를 이루는 것은 거의 없고 대부분이 막대기나 나뭇가지 모양을 하고 있다.

브라질의 과학자들은 해조류 중 딕티오타 팟피*Dictyota pfaffi*라는 갈조류에서 후천성 면역 결핍 증후군AIDS을 일으키는 인간 면역 결핍 바이러스HIV를 죽이는 살균제를 발견하였다.

인간 면역 결핍 바이러스에 감염되면 면역력이 떨어져서 건강한 사람에게서는 병을 일으키지 못하는 세균, 바이러스, 기생충 등에도 쉽게 감염될 뿐만 아니라 감염된 후에는 잘 낫지도 않는다. 즉, 가벼운 질병에 걸려도 일반적으로 작동하는 몸의 방어 기능이 작용하지 않아 죽음에 이르기도 한다. 유엔과 WHO는 1981년 12월 1일 에이즈AIDS가 처음 발견된 이래 2010년 현재까지 약 6500만 명이 에이즈에 감염되었으며 그중 약 2500만 명이 사망한 것으로 추산, 발표하였다. 또한 전 세계적으로 매년 400만 명의 새로운 에이즈 환자가 발생한다. 상황이 이러하니 에이즈 치료제나 감염 억제제의 개발이 참으로 절실하다.

딕티오타 팟피라는 갈조류는 브라질에서는 식용하는 해조류로 브라질 연안에 서식한다. 브라질의 오스왈도 크루즈 연구소의 브랑코 박사는 갈조류에서 발견된 이 물질이 에이즈의 원인균 인간 면역 결핍 바이러스에 대하여 약 95퍼센트의 보호 효과를 나타내는 것을 확인하였다. 이는 현재 임상실험 중인 1세대 살균제들이 50~60퍼센트의

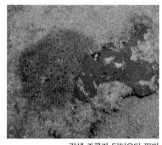

갈색 조류가 딕티오타 팟피

보호 효과를 보이는 것에 비해 훨씬 효과가 좋다. 브랑코 박사는 이 살균제를 여성들이 인간 면역 결핍 바이러스에 감염되는 것을 예방할 수 있는 젤 형태의 약물로 개발하고 있다.

현재 전 세계적으로 약 4000만 명의 에이즈 감염자가 있는데, 그중에 약 3000만 명이 아프리카에 살고 있다. 이러한

현실은 아프리카에 살고 있는 수많은 여성들이 에이즈 감염 위험에 무방비 상태로 노출되어 있다는 것을 뜻한다. 성지식의 부족이나 남성들의 콘돔 사용 기피가 이들 여성들이 인간 면역 결핍 바이러스 감염에 노출되는 가장 큰 이유이다. 이 때문에 최소한 스스로를 보호할 수 있는 젤 형태 약물의 필요성은 절실하다.

## 제주도 해조류에서 성인병 예방물질을 찾다

우리나라 남해안과 일본 등지에서 나는 여러해살이 갈조류인 감태에도 지방간, 당뇨 등의 성인병과 피부암 예방에 효과가 뛰어난 물질이 함유되어 있다. 제주 하이테크산업진흥원에 자리 잡고 있는 벤처기업인 라이브켐(주)이 제주도에 자생하는 감태로부터 씨놀Seanol이라는 폴리페놀을 분리하여 기능성 식품으로 개발하는 데 성공하였다.

갈조류 _감태

씨놀은 바다Sea에서 분리한 폴리페놀Polyphenol이라는 뜻이다. 제주도 연안에 자라는 감태, 톳, 모자반과 같은 갈조류에 함유되어 있는 물질인데, 라이브켐 사에서 그 물질을 정제하는 기술을 개발한 것이다. 이 회사는 전 세계 100여 가지의 해조류 성분을 분석하였는데, 그중 제주산 감태가 폴리페놀 계열의 씨놀 함유량이 많고 추출해 낼 수 있는 비율도 높았다고 밝혔다.

폴리페놀은 항산화 활성이 뛰어나 성인병 예방에 효과가 있는 것으로 보고되어 있다. 포도주의 레스베라트롤, 녹차의 카테킨, 사과나 양파에 들어 있는 케르세틴, 과일에 많은 플라보노이드, 콩의 이소플라본 등도 잘 알려진 폴리페놀의 일종이다.

산소는 우리가 살아가는 데 꼭 필요한 원소이지만 대사 과정에서 발생하는 활성산소는 노화를 촉진할 뿐만 아니라 당뇨병, 동맥경화, 암 등을 유발하는 주범이기도 하다. 활성 산소로부터 세포가 손상<sup>損傷</sup>되는 것을 막는 항산화물질로는 비타민 A, C, E 등이 있으며 포도주나 녹차, 과일 등에 함유되어 있는 폴리페놀도 중요한 항산화물질이다.

씨놀은 성인병 예방 효과가 좋아 주목받고 있는 포도주나 녹차의 폴리페놀 성분보다 성인병 예방 효과가 뛰어나서 기능성 식품은 물론 화장품이나 신약 등으로도 개발할 수 있는지 다각적으로 연구되고 있다. FDA로부터 새로운 식품 성분으로 공식 인정을 받았으며, 미국의 대형 기능성 식품 판매회사인 헬씨 디렉션 사와 3000만 달러의 공급 계약도 체결하였다. 일본의 건강 기능성 식품회사인 우메켄 사 및 야쿠르트 제약회사를 통해 씨놀 함유 제품을 일본에 판매하기로 계약하여, 향후 6년간 1억 달러 이상 수출할 수 있을 것으로 예상된다. 우리나라에서는 한국담배인삼공사와 연간 45억 원 규모의 원료 공급 계약을 체결하고, '올칸'이라는 제품명으로 혈액 순환을 개선하여 중년 남녀의 활력과 체력 증진을 돕는 건강 기능 식품으로 판매되고 있다.

씨놀의 화학구조는 8개의 고리로 된 형태로 되어 있어서 지금까지 알려진 항산화물질 중에서도 항산화 효과가 뛰어나고 인체 내에서의 효율도 높은 것으로 보고되고 있다. 또한 씨놀은 염증이 생기는 것을 막는 효과가 뛰어난 것으로 알려져 있다. 미국 워싱턴 주립대학의 치 교수가 진

씨놀의 구조

행한 만성 염증과 관련된 동물실험에서 만성 염증을 60~80 퍼센트 억제하는 것으로 확인되었다. 뿐만 아니라 당뇨병의 발병을 가속화시키는 지방간이나 췌장 조직의 파괴 현상을 크게 줄였으며 피부암의 발생도 획기적으로 줄여 주는 것으로 나타났다.

다양한 연구를 통해 씨놀의 항산화 효과와 여러 성인병에 대한 예방 효과가 밝혀짐에 따라 라이브켐 사는 미국과 일본에서 기능성 식품과 화장품 등으로도 개발할 수 있는지 여부를 다양한 경로를 통해 알아보고 있다. 중국 남방 의과대학의 슈웬 교수와는 공동 연구를 통해 지방간 치료용 신약으로도

씨놀로 만든 제품

개발하고 있다. 머지않은 장래에 국내산 해조류로 전 세계인이 이용하는 성인병 예방약을 개발하게 될지도 모르겠다.

# 심해 생물체들의
# 비밀을 풀어라!

## 알려지지 않은 의약품의 비밀창고–심해 생명체

지구의 70퍼센트는 바다이며, 바다의 83퍼센트는 깊이가 3000~6000미터 이상인 깊은 바다이다. 따라서 바다의 평균 깊이는 약 3800미터로 매우 깊다. 세계에서 가장 깊은 바다는 마리아나 해구에 있는 비티아즈 해연으로 그 깊이가 1만 1034미터에 이른다. 보통 수심이 10미터 깊어질 때마다 압력이 1기압씩 높아지므로 비티아즈 해연의 수압은 약 1100기압이다. 어느 정도인지 쉽게 감이 잡히지 않을 텐데, 이는 엄지손톱 위에 사람이 20명쯤 올라선 것과 같은 무게로 내리누르는 정도의 압력이란다. 그런데 이렇게 가혹한 환경에

심해 평원 해저면(왼쪽)과 검은 연기가 솟아나오고 있는 심해 열수분출공(오른쪽)

서도 수많은 생명체가 살고 있다.

1977년은 생물학의 역사에서 아주 흥미로운 발견이 있었던 해였다. 미국의 심해 잠수정 앨빈 호를 타고 갈라파고스 제도의 해저 2600미터에 있는 심해 열수공을 탐사하던 해양학자들이 열수분출공hydrothermal vents, 열수분출구 주변에서 많은 생물들을 발견한 것이다.

심해 열수분출공은 지각 활동으로 생긴 일종의 바닷속 온천 같은 곳이다. 열수분출공에서는 섭씨 350~400도 정도의 뜨거운 바닷물이 뿜어져 나오는데, 그 열수분출공 주변에 관벌레라는 생물이 아주 많이 살고 있었다. 그때까지만 하더라도 심해에는 빛이 도달하지 않기 때문에 광합성을 하는 일

차생산자들이 살 수 없어서 생명체가 존재할 수 없을 것이라는 생각이 일반적이었으므로 심해에서 만난 생물은 뜻밖의 발견이었다. 게다가 심해 열수분출공에서 뿜어져 나오는 뜨거운 물에는 일반 생물에게는 유독한 황화수소가 포함되어 있다. 이러한 열수분출공 주변에서 어떻게 관벌레는 살아갈 수 있는 것일까?

이 지역에 서식하는 관벌레는 입이나 소화기관이 없는 대신 영양체라고 불리는 독특한 기관이 있다. 영양체 안에는 많은 공생미생물들이 살고 있는데, 이 미생물은 황화수소를 이용하여 에너지를 얻는 화학 합성 세균이다. 이 공생미생물들은 유기물을 합성하여 관벌레에게 영양분으로 공급하고, 관벌레는 이 미생물들에게 황화수소를 공급해 주는 공생 관계를 형성하고 있었던 것이다.

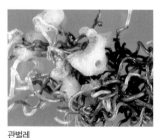

관벌레

그 이후로 심해에 대한 연구가 진척을 보이면서 지금까지 생물이 거의 살지 않을 것이라고 생각해 왔던 깊은 바다에도 많은 생물들이 살고 있다는 사실이 속속 밝혀지고 있

심해생물들 _왼쪽부터 조개, 눈먼새우, 저서생물 채집 광경

다. 연구 전에는 심해에 생물이 약 20만 종쯤 서식하는 것으로 알려져 있었으나, 최근까지의 과학자들 연구를 종합해 보면 대략 1000만~1억 종에 이를 것으로 추정된다.

지금까지 생물다양성이 풍부한 곳으로 열대우림 지역을 꼽아 왔으나, 심해에 살고 있는 생물의 다양성은 지금까지 지구상에 존재하는 것으로 알려진 모든 동식물과 미생물을 합한 약 140만 종보다 훨씬 더 풍부하다. 이러한 심해생물의 다양성은 생물학적으로도 그 의미가 크다. 심해생물이 생산하는 유용한 물질이나 다양한 유전자 그리고 효소 등은 의약품 개발이나 여러 산업 분야에도 다양하게 영향을 미치기 때문이다.

미국 위스콘신 매디슨 대학의 레이먼트 교수는 남태평양 깊은 바다에 살고 있는 지금까지 알려지지 않은 해면동물의 독소를 이용하여 항암제를 개발하고 있다. 이 독소는 심해 해면동물에 공생하는 미생물이 만들어 내는데, 암세포의 액틴작용을 저해함으로써 항암 효과를 나타낸다. 액틴은 진핵 세포에서 세포의 골격을 유지하는 데 중요한 역할을 하며 세포의 이동, 분리, 성장에 없어서는 안 되는 물질이다. 일반적으로 암세포는 정상 세포보다 훨씬 왕성하게 분열을 한다. 그런데 이 심해생물에서 분리한 물질은 액틴의 작용을 저해시키므로 여러 종류의 암에 대하여 항암 활성이 뛰어나 항암제로 개발되고 있다.

또한 심해 열수분출공 주변에 살고 있는 극한미생물<sup>극한 환경에 사는 미생물</sup>로부터 분리한 유전자나 효소는 그 활용 범위가 매우 넓다. 열수분출공 주변에 살고 있는 고세균<sup>극한 환경에 적응을 잘 하는 단세포로 된 미생물의 한 종</sup>의 효소는 높은 온도에서도 활성이 유지되고 안정적이기 때문에, 높은 온도에서 반응을 시켜야 하는 여러 가지 실험이나 화학 공정에서 요긴하게 이용되고 있다. 예를 들어 DNA 증폭과정에 관여하는 DNA 중합효소가 대표적이다. DNA 증폭과정은 섭씨 90도가 넘는 고온에서 이루어지는데, 강력 범죄나 사고 현장에서 발견된 혈액 한 방울, 머리카락 한 올로부터 DNA를 추출하여 범인이나 피해자의 신원을 파악할 수 있게 해 준다. 이러한 DNA의 증폭과정에 사용되는 DNA 중합효소는 유전자를 연구하는 생명공학 분야에서는 없어서는 안 될 필수품이라고 할 수 있는데, 이 효소를 심해미생물이 제공해 주기도 한다.

심해 열수분출공을 제외한 심해의 평균온도는 섭씨 2~4도이다. 이렇게 낮은 온도에서 살고 있는 심해미생물들은 대부분 '바다눈marine snow'이라고 불리는 심해에 가라앉는 생물의 사체나 배설물을 분해하여 영양분을 얻는다. 따라서 수온이 낮은 곳에 살고 있는 심해미생물들은 일반적으로 낮은 온도에서도 작용을 하는 지방분해효소를 가지고 있는 경우가 많다. 이러한 심해미생물로부터 지방분해효소를 분리해 내면 차가운 물에서도 세척력이 뛰어난 세제를 개발할 수 있다. 미국의 생명공학회사인 제넨코는 심해미생물에서 분리한 섬유소 분해효소인 셀룰라아제 103이라는 효소를 세제 첨가제로 실용화하였다. 이 효소는 기름때나 얼룩을 씻어내는 데 탁월한 효과를 나타낸다고 한다.

또한 중금속 농도가 높은 열수분출공 주위에 사는 심해미생물들은 중금속에 대한 적응력이 높아서 중금속을 정화하는 데에 활용할 수도 있을 것이다. 미국, 일본, 프랑스와 같은 국가들은 심해생물들이 가지고 있는 다양한 기능과 새로운 물질들에 대하여 높은 관심을 가지고 막대한 투자를 하고 있다. 이들 국가들은 심해 잠수정을 이용하여 여러 해양에서 심해생물을 채집하여 신물질, 해양 생체 소재, 효소나 단백질 등의 생명공학 소재를 개발하고 있다.

세계의 심해 잠수정으로
위로부터 미국의 앨빈 호,
일본의 신카이 6500호와 카이코 호

1960년대 미국의 우즈홀 해양연구소에서는 해저 4500미터까지 잠수할 수 있는 심해 잠수정 앨빈 호를 일찌감치 개발하였다. 지금은 6000미터까지 잠수할 수 있을 만큼 기능이 향상되었다. 일본은 1989년에 6500미터까지 사람을 태우고 잠수할 수 있는 유인 잠수정 신카이 6500호를 개발하였으며, 1995년에 일본 해양과학기술센터의 무인 잠수정 카이코는 세계에서 가장 깊은 해구인 마리아나 해구의 1만 1000미터 깊이까지 잠수하여 무균 상태의 다양한 심해미생물 채집에 성공하였다. 일본은 이들 심해미생물에 대하여 수백여 건의 특허를 신청, 보유하고 있다. 프랑스 국립해양개발연구소는 6000미터까지 탐사 가능한 유인 잠수정 노틸호를 보유하고 있는데, 한국해양연구원의 김웅서 박사가

프랑스 심해 잠수정 노틸 호

우리나라 과학자로서는 처음 이 노틸 호에 탑승하여 심해 5000미터까지 탐사를 한 적이 있어 우리나라와도 인연이 깊은 잠수정이다.

우리나라는 이들 국가보다는 좀 늦었지만 2006년에 6000미터까지 잠수 가능한 심해 무인잠수정인 해미래호를 한국해양연구원에서 개발함으로써 세계에서 4번째로 6000미터급 잠수정을 보유하게 되었다. 해미래호는 심해 열수광산 탐사, 망간단괴나 메탄수화물메탄하이드레이트과 같은 해저 광물자원 및 신물질 탐사, 해양 환경과 지질조사 등에 활용되고 있다.

심해는 무한한 자원의 보고이며 알려지지 않은 의약품의 비밀창고와 같은 곳이다. 이 비밀창고를 열 수 있는 열쇠를

우리나라의 심해 무인잠수정 해미래호

누가 먼저 가질 것인가를 놓고 세계 각국의 치열한 경쟁은 이미 시작되었다. 심해 생명체들은 에너지 부족 문제나 질병 치료를 위한 의약품 개발 등과 같은 인류가 직면한 수많은 문제를 해결하는 실마리를 제공해 줄 무한한 가능성을 지니고 있다. 따라서 바다는, 그리고 바다생물은 이후에도 획기적인 신물질 개발의 보물창고가 될 것이라는 사실에 추호의 의심도 가질 수 없다.

# 바다는
## 제2의 우주이다

1961년 인류는 우주 공간을 향해 최초의 유인 우주선을 쏘아 올렸다. 그로부터 많은 시간이 흘렀지만 우리 인류는 아직도 우주에 대해서 아는 것이 그리 많지 않다. 마찬가지로 지구의 70퍼센트를 차지하며 지구에 사는 생명체의 80퍼센트가 기대어 살고 있는 바다에 관해서도 그렇게 많이 알고 있는 것 같지는 않다. 일찍이 "우리는 아마 바닷속을 아는 것보다 달에 대해서 아는 것이 더 많을 것이다We probably know more about the moon than we do about the bottom of the sea."라고 론 교수가 말하였던 것처럼 우리는 바다에 대해서 아는 것이 많지 않다. 예전에 한 기업의 회장이 '세계는 넓고 할 일은 많다'

라고 했었는데, 나는 이를 '바다는 넓고 해양생물은 많다'라고 패러디하고 싶다. 더불어 '바다는 넓고 해양생물을 가지고 해야 할 일은 더 많다'고 강조하고 싶다.

21세기는 바이오 관련 첨단 기술과 산업이 빠르게 발전하는 바이오시대가 될 것이라 예측하는 데 주저할 사람은 없다. 21세기는 생물자원의 시대이다. 고려시대에 문익점 선생이 목화씨를 원나라에서 들여와 추위에 떨던 백성들을 구하였던 것처럼, 현재 국제사회는 자국의 생물자원을 보호하고 이를 이용하여 이익을 극대화하려는 노력을 하는 한편으로는 새로운 생물자원을 얻으려는 노력과 경쟁이 치열하게 벌어지고 있다.

특히 해양 생물자원의 경우는 개척의 여지가 무한하다. 지금도 속속 듣지도 보지도 못하였던 바다생물들이 하루가 멀다 하고 발견되고 있다. 이러한 새로운 해양생명체나 아직 이용하지 못하고 있는 바다생물로부터 의약품이나 고부가가치의 제품이 될 수 있는 유용물질을 찾아내거나, 효소나 새로운 기능의 유전자를 찾을 수 있다면 자국의 생명공학의 발전은 물론이고 경제적으로도 막대한 이익을 얻을 수 있을 것이다. 바다생물로부터 의약품을 개발하려는 연구의 역사는 육상식물이나 육상생물로부터 신약을 개발해 온 역사에 비하면 아주 짧다. 짧은 역사에도 불구하고 바다생물 유래의 의약품들이 속속 개발되고 있으며 다양한 제품들이 시장에 나오고 있다.

우리나라는 신약 개발 분야에 있어서는 세계적으로 아주 후발 주자에 속한다. 2010년 현재까지 우리나라에서 개발된 신약은 SK케미칼에서 1999년에 처음 개발한 항암제인 '썬플라' 등 16종뿐이다. 그것도 FDA에 승인받은 항생제인 팩티브를 제외하면 모두 국내용 신약이다. 몇몇 국가에서는 바다생물의 무한한 가능성에 대해서 일찍부터 인식하고 바다생물로부터 의약 활성물질을 탐색해 내고 산업적으로 개발하기 위해서 엄청난 노력을 기울여 왔다. 국토의 삼면이 바다로 둘러싸인 우리나라도 강점 기술 중의 하나인 생명공학 기술을 접목시켜 황금알을 낳는 거위인 '바다에서 약'을 캐어 내야 할 것이다.

사진에 도움 주신 분

**김동성**한국해양연구원, 관벌레 117쪽, 일본 심해 잠수정 카이코 호 121쪽

**김억수**전문다이버, 파래 105쪽

**김웅서**한국해양연구원, 별불가사리 53쪽, 보름달물해파리 56쪽, 멍게의
입수공과 출수공 78쪽, 청각 105쪽, 노틸호 122쪽

**김정년**국립수산과학원, 복어들 87쪽

**김현수**전문 다이버, 산호들 32쪽, 해면동물들 44~45쪽

**김현우**부경대학교, 물고기 잡아먹는 청자고둥 65쪽

**노재훈**한국해양연구원, 해양미생물들 13쪽

**명정구**한국해양연구원, 등푸른생선_꽁치 · 참치 97쪽, 모자반 숲 105쪽

**박흥식**한국해양연구원, 해면동물들 44~45쪽, 아무르불가사리 · 빨강불
가사리 52쪽

**양병갑**, 얼룩날개모기 25쪽

**이택견**한국해양연구원, 산호들 · 연산호들 32~33쪽, 갈조류_미역 105
쪽, 홍조류_우뭇가사리 106쪽

**송계한**, 정어리 떼 97쪽

**한현섭**국립수산과학원, 대게 71쪽, 멍게 78쪽

Alan Bull영국 켄트 대학교, 베루코시스포라 마리스 21쪽

Arcadio Garcia de Castro파르마마르, 군체멍게 78쪽

Michael McIntosh유타 대학교, 물고기 잡아먹는 청자고둥 65쪽

Paul Jensen미국 스크립스 해양연구소, 살리니스포라 트로피카 17쪽

Russell Hill메릴랜드 대학교, 아카소스트롱질로포라 · 마이크로모노스
포라 28쪽

William Fenical미국 스크립스 해양연구소, 스크립스 해양연구소 15쪽, 채
니기 16쪽, 연산호 슈도프테로고르기아 엘리사베타에 31쪽

참고문헌

다나카 마치 지음/이동희 옮김, 『약이 되는 독 독이 되는 독』, 전나무
숲, 2008.

최한길 외, 『해양식물과 한의학』, (주)학술정보, 2004.

James W. Nybakken 지음/홍재상 외 옮김, 『해양생물학』, 라이프사
이언스, 2008.